我們用故事、
信息和回憶充實職業生涯的每個階段，
它們會給出解決方案；

U0031278

們提出問題；

挑戰慣例。

山頂文化

極好的建議

| 職場中最重要的 112 個啟示 |

黃福良（David Wee）　許漢迪（Handi Kurniawan）——— 著

李永學 ——— 譯

極好的建議

| 職場中最重要的 112 個啟示 |

Great Advice

| For solving everyday challenges at work and in life |

黃福良（David Wee） 許漢迪（Handi Kurniawan）—— 著

李永學 —— 譯

責任編輯	張俊峰
書籍設計	霍明志
排　　版	周　榮
印　　務	馮政光

出　　版	山頂文化
	香港北角英皇道 499 號北角工業大廈 18 樓
	http://www.hkopenpage.com
	http://www.facebook.com/hkopenpage
	http://weibo.com/hkopenpage
	Email: info@hkopenpage.com

| 香港發行 | 香港聯合書刊物流有限公司 |
| | 香港新界荃灣德士古道 220-248 號荃灣工業中心 16 樓 |

| 印　　刷 | 美雅印刷製本有限公司 |
| | 香港九龍官塘榮業街 6 號海濱工業大廈 4 字樓 |

| 版　　次 | 2022 年 7 月香港第 1 版第 1 次印刷 |

| 規　　格 | 32 開（148mm×210mm）224 面 |

| 國際書號 | ISBN 978-988-75847-7-3 |

獻給永遠站在我一邊的阿拉特（Aleth）。
—— 黃福良（David Wee）

獻給我的家人，他們是我在人生之旅中的最大支持。
獻給一切給予人們極好的建議、並使他們的人生有所不同的
領袖，管理者，培訓者，教練和老師們。
—— 許漢迪（Handi Kurniawan）

推薦語

我讀過、評論過許多包含有用資訊但不大有趣的書；其他一些書的確是很有趣，但對我已經了解的事並沒有太多增益。相比之下，我可以說，本書確實提供了很好的建議，以一種創造性的有趣方式，為讀者提供了極好的建議，讓這本書讀起來很愉快。David 和 Handi 顯然是根據他們的知識和經驗來寫作，他們提供的指導相信對幾乎所有讀者都有益。我向你強烈推薦這本書。

Steve Kerr
世界首位首席學習官
通用電氣前首席學習官、高盛前首席學習官

當我閱讀 David 和 Handi 的書時，我腦海中不斷閃現的想法是，建立職業生涯充滿了當你需要時，有一位「自選教練」在耳邊給出建議、分享智慧的時刻。雖然書中的所有建議都屬於常識範疇，但不幸的是在今天的許多組織中，我們看到人們和領導層的行為並沒有通過這個簡單的測試 —— 幾乎就像常識變得罕見一樣！正如作者在結論中指出的那樣，沒有人能壟斷好的建議 —— 但這本書是一個很好的起點！

Peter Attfield
怡和集團首席人才與學習官

這本書有很多精彩的小插曲，既為讀者提供了洞見，也提出了發人深思的問題。我喜歡這種對話風格，並發現各種想法的瑰寶散見書中各處。本書值得一讀。

Ann Ann Low
LinkedIn 學習與發展高級總監

我們不是生活在一個完美的世界裡，但我們可以互相幫助，追求在我們自身周圍創造完美的島嶼。David 和 Handi 的那些建議——「不斷冒險」、「信任但要驗證」和「感謝朋友和家人」—— 一直陪伴着我。正是這樣的智慧讓我們的生活變得更美好。

Anil Sood
Institute for Advanced Studies in Complex Choices
教授及聯合創始人

非常發人深省；促使我認真思考和反思我的領導生涯。David 和 Handi 成功地將他們的全球領導經驗付諸於這本實用、務實、通俗易懂的書。

Danu Wicaksana
Good Doctor Technology Indonesia 董事總經理

我與 Handi 先後在金光集團（Sinar Mas）和怡和集團共事過，是一份意外的奇緣。他在人力資源發展方面的經驗之談，收錄在這本與另一位經驗豐富的人力資源從業者黃福良（David Wee）合著的必讀書中。

Dino Tan
新加坡經濟發展局
家族企業，家族資本和影響力部資深副總裁，總管

我在 LinkedIn 上關注了 David 和 Handi，因為他們的那些好建議。很高興現在這些建議可以在本書中讀到。

Eric Sim, CFA, PRM
Small Actions: Leading Your Career to Big Success 作者

作者們慷慨地提煉了他們多年的經驗，錘煉出他們的一系列 LinkedIn 貼文——現在有了這本書——我強烈推薦，並希望在我職業生涯的早期階段就擁有這本書。在整本書中，你會發現實用及坦率的建議，它們建基於毋庸爭辯的原則和價值觀；在瞬息萬變的世界中，所有這些都是重要的保障。雖然這本書讀來輕鬆，但我鼓勵讀者不妨反思書中給出的建議，並在工作的環境中相應地加以應用。

Eleanor Tan
The China Navigation Co. Pte. Ltd 企業傳播全球總管

我很少遇到一個充滿熱情、熱衷於學習並真誠樂於助人的人。從我畢業之後的第一份工作以來，Handi 一直是我的良師益友。他有一種真誠實在的性格，既贏得了管理團隊的信任，也贏得了後輩的尊重。我們不再一起工作，但 Handi 仍然是我尋求建議時的首選對象，很高興他決定透過這本書分享豐富的專業經驗。

John Rasjid

Sociolla.com 聯合創辦人，首席執行官
Forbes' Disruptor Award 2019 獲獎者

生命太短暫，你無法經歷所有的事！

閱讀這本書，從其他人的經驗中學習 —— 尤其是 David 的智慧和 Handi 的國際經驗。運用這些有用又實際的建議，去應對領導和管理方面的日常挑戰，並幫助你建立成功的職業生涯，過上有意義的生活。

Kevin P. Tan

SUN Education Group 聯合創辦人，首席市場官

憑藉豐富的全球經驗，Handi 和 David 在本書中分享了非常有見地的建議，本書對於任何職業的人來說都是很需要的。如果你立下遠大目標，要取得事業上的成功，這是一本必讀書，它會像職業聖經一般在職業生涯中指導你。極好的建議和實用的訣竅，就藏在本書中！

Laura Cho Yee Swe Myint

Prudential Myanmar Life Insurance 人力資源總管

《極好的建議》為你的職業道路提供了有力而實用的提示。David 的智慧和 Handi 的經驗相結合，使這本書引人入勝，發人深省。他們希望幫助人們擁有充實的職業生涯，這個願望浸透到書中每一頁。這不是一本你讀過一次就完的書，這是一本你可以一次又一次拿起來的書，每次都能從中得到新啟發。

Matt Hutson

Book Hacker @Bookmattic

David 和 Handi 在本書中的建議看似簡單，但非常有效。他們把許許多多智慧，融入一系列易於閱讀和反思的短小「貼文」中。無論讀者多麼有經驗，每個人都會從這本結集中受益。

Rajeev Peshawaria
Leadership Energy Consulting Company 總裁
Iclif Leadership & Governance Center 前首席執行官
摩根士丹利前首席學習官，可口可樂前首席學習官

我真的很喜歡《極好的建議》—— 讀起來輕鬆，且非常有趣。我發現 Handi 和 David 的書非常實用，其中包含一些很棒的現實生活實例和要訣，非常有用。我強烈向任何在當前工作環境中面臨日常挑戰的專業人士推薦這本書。期待很快看到他們的下一本書，並從這些生活的專家那裡學到更多！

Ricky Mui
Robert Walters 大中華區董事總經理

David 和 Handi 為職場提供了一份現實世界的智慧寶藏。曾經與 David 和 Handi 在不同崗位中有過親身合作，在建立偉大的團隊和組織文化、應對工作挑戰方面，他們所累積的經驗和智慧，對於任何一位想要在這個瞬息萬變、充滿活力的世界中取得成功的人都大有裨益。這是本適合所有人的必讀書。

Roshan Thiran
Leaderonomics 創辦人

Handi 和 David 是經驗豐富的人力資源從業者，很高興他們現在攜手合作，將這些實用且易於實踐的建議匯集在一起。我相信這些建議對於正在企業叢林中尋路的人 —— 無論任何人，無論身處職業生涯的什麼階段 —— 絕對都是有着巨大幫助的珍寶。

個人過去曾與 Handi 合作過，我一直很喜歡他的積極和樂觀進取的態度，這從來都是公司的資產。現實或許是孤獨的，但有了 David 和 Handi 的書以及其中包含的思想，你會得到妥帖的關照。

Sandeep Mookharjea
AIG 亞太區人力資源總管

《極好的建議》是尋找人才解決方案的實用且出色的方法。David 和 Handi 都在他們的職業生涯中成功地指導過領導者。這本書讓我們從他們那裡學到如何領導自己和他人。這是一本必讀書！

Setiawani Sukri
AIA Indonesia 首席人力資源官

在強生與 David 共事真的是令人耳目一新的經歷。他將他的所學和個人經驗，以及對於人才發展的深刻認識付諸實踐，轉變了公司的學習發展機制和程序。他的戰略能力總是與一切有關於學習發展的實際解決方案相結合，這是獨一無二的。這本書把 David 和 Handi 的學識與智慧變得很鮮活，在現實生活中也能輕鬆採納和運用。他們為所有從業者和領導力學習者編寫了一本最有趣、最實用、最易讀的書籍。絕對必讀。

Supratim Bose
ConvaTec 全球新興市場總裁及首席運營官

《極好的建議》就像是你職業生涯的備忘紙，寫滿了智慧和實用要訣。無論你在職業生涯的哪個階段，這本書都以非常簡單而有力的方式為你提供了極好的解決方案和提醒。一本所有人的必讀書！

Tyo Guritno
INSPIGO 首席執行官及聯合創辦人

目錄

啟動

發展

管理表現

參與與激勵

讚賞

道別

家庭與朋友

序

我曾經從別人那裡得到過很多極好的建議，它們都很直率、可信、可行。Handi 和我也想讓本書給出這樣的建議。我們將區分事實和觀點，寫下我們知道的事情或者發生在我們身上的事情，讓這些建議切實可行。但最重要的是，我們希望本書能夠展示我們最了解、最關心的事務 —— 培養人。

我們喜歡分享我們學到的東西。

我們每週工作 7 天，每天工作 24 小時。

我們睡覺的時候也可以這樣做。

我們情不自禁地這樣做。

天性使然。

—— **黃福良 (David Wee)**

* * *

「凝神聆聽，這樣你就能夠『聽』出弦外之音。讓人們說完，然後你再回應。這樣就能讓你的表現上升一個層次。」

以上就是在我對主席和董事會進行了陳述之後，David 和我分享的話。我覺得自己做得很不錯，但我仍一直記得這一建議。你知道為什麼嗎？我確實更上層樓了！

我非常慶幸，能夠在多年前得到這樣一個極好的建議。

正是這一建議讓我們倆彼此貼近。我們想幫助其他人得到他們需要的建議。當他們在尋求工作機會、駕馭職業和做出重大的生活決定時，正確的建議會引導他們，甚至能讓他們振作起來。

David 和我是類似的人。我們在通用電氣（General Electric）和金光集團（Sinar Mas，印尼最大的企業集團之一）工作。

我們是經驗豐富的職業者，經歷過挫折、失望、辦公室勾心鬥角，但我們也曾在世界級公司的成功團隊中工作。

我們熱衷於培養人才，訓練、教導、培訓他們 —— 有些人認為這是一項工作，而我們感到這是一項使命。

我們也是不同的人。David 是內向者，而我是外向者。他在作出決定前深思熟慮，然後全力以赴。我遵從直覺，會很快地做出決定、迅速地採取行動。在一起時，我們代表不同的輩分和觀察世界的不同方式。

但我們都尋求同樣的結果 —— 給人們有效、有用、有價值的建議。

我建議你手拿鉛筆閱讀《極好的建議》這本書，分析、思索、討論、挑戰，並將其中的想法與你生活中發生的狀況聯繫起來。

—— 許漢迪 (Handi Kurniawan)

前言

當問到人們最關心的事情時，我們總是聽到同樣的回答 —— 職業發展、個人發展、獎勵以及工作與生活的平衡。

我們就是這樣組織本書的。它沿着受雇人士職業生涯週期的七個階段展開。

我們用故事、信息和回憶充實每個階段，它們會給出解決方案；我們提出問題；我們挑戰慣例。

我們讓自己站在不同的立場上：雇員的立場、有潛力者的立場、討人嫌的經理的立場、或者善於鼓舞人心的管理者的立場，由此分享不同的觀點。

我們將展示不同的情況和發人深省的事件 —— 從被裁員的壓力，到找到做正確事情的勇氣，一直到幫助人們破繭而出、發揮潛力。

我們用「家庭與朋友」這一章結束本書，因為我們不能把工作和生活分開。

和我們一起思考吧，享受旅程！

「就連傑克・韋爾奇都說，當他剛開始時，有 50% 的時候沒有招聘到正確的員工。

如果你招來的人不完美，這沒關係。

設法讓你的員工成功，這要重要得多。」

—— 黃福良

「如果你相信你有能力，不要妄自菲薄。

如果你不具備成功需要的基本條件，不要自視過高。」

—— 許漢迪

吸引

01 「我們需要你的幫助」

我搭飛機去見未來的雇主。

司機把我帶到頂層公寓。

有人送來了紅酒和芝士，它們的搭配令人愉快。

我們做了一番交談，不是面試。

他感謝我抽空來見他，並告訴我，我在通用電氣（GE）和強生公司（J&J）所做的一切給他留下了非常深刻的印象。

因此，「我們需要你的幫助。」

他讓我覺得自己與眾不同。

他描述了他的願景和他的公司的轉型 —— 為什麼它們對社區、員工和國家很重要，它們將如何提供更多的就業機會、更好的教育並改善大眾的生活。

他總是在討論責任，談論他人。

他沒有說到他自己。

他讓我興奮。

此人謙虛、忠誠，同時要求也很高，富於挑戰精神。

人們受到他的吸引，因為他讓他們覺得……自己與眾不同。

他認同每天持續進步的重要性，但也願意冒險嘗試大動作。

最重要的，是他對人的重視：「公司要發展，首先必須發展人。」

他吸引了我。

所以，在他問到「你會來幫助我們嗎？」的時候，

我同意了，成了他團隊中的一員。

我努力工作，每天、每小時隨時待命，但這從來不像是在工作。

當你為一位傑出的領導者和一個超越自我的目標服務時，工作變成了享受。

享受是怎樣的感覺？
改善成千上萬人的生活。

02 如何讓應聘者驚歎

光輝國際（Korn Ferry）安排我接受強生公司的面試。

我和潛在的老闆在電話裡交談。

「你住在哪裡？」她問。

「東海岸。」

「你喜歡雪糕嗎？我們在哈根達斯（Häagen-Dazs）見面吧。」

她說的第一件事是，「你最喜歡什麼口味？」她知道如何讓應聘者放鬆，並迅速建立融洽的關係。我立刻就喜歡她、尊重她了。

第二輪面試的面試官是首席執行官。他的秘書說，在 XX 酒店見面對我更方便，因為「強生的辦事處離你太遠」。

哇哦。一位面試官，首先考慮的不是自己，而是應聘者？他說，「唯一能阻止我們成長的，是缺乏合適的人才，」這讓我大受鼓舞。

強生想要雇用我，但我要求再見一個人 ── 這有風險，但了解我將與其密切合作的人很重要。於是我去與地區業務負責人見面。她非常腳踏實地，謙遜，善於傾聽，表現了平靜的自信和堅定的信念。她的最後一句話是，「加入我們吧；培養領導者。」我毫不猶豫地說：「我會的。」

以後五年，我在強生就是這樣做的。

如果中了彩票，你唯一要表達的是你深切的感恩，並努力工作，配得上這份運氣。

03 為什麼通用電氣在費爾菲爾德大學進行校園招募

為什麼通用電氣在費爾菲爾德大學（Fairfield University）進行校園招募，儘管它可以從哈佛（Harvard）、劍橋（Cambridge）和清華招聘人才？因為費爾菲爾德大學的許多畢業生有**以下三項，簡稱 PHD — 激情（P，passion）、渴望（H，Hunger）和決心（D，Determination）**。他們中很多人出身寒門，與特權無緣，但他們有一個優勢 —— 他們從來沒有過任何天然優勢！

我是他們中的一個。早在 20 世紀 60 年代，我的哥哥姐姐在貧困中成長。為了幫助家庭，他們不得不輟學。我姐姐的第一份工作每月薪水 80 元，她交給我父親 40 元，餘下的為自己買衣物和食物。她用了 30 年才還清了房貸，但她畢竟還清了。後來她發現自己罹患癌症，但她決心戰而勝之。

我考入了新加坡的最高學府，儘管一位老師說我永遠也做不到這一點。我在整個學期中間當家教，在假期打工，我最好的朋友送給我時髦的 T 恤，所以我看上去仍然很帥！我絕不能搞砸了，因為我的家人為我放棄了很多。當成功來臨時我沒有頭腦膨脹，如果我這樣做了，我的老大姐可能會跑來教訓我。

這就是 PHD 的優勢！你會雇用誰 —— 一位滿懷激情、渴望成功、充滿決心的畢業生，還是一位有常青藤大學學位的人？

04 表現和品牌

我在一家政府機構 —— 國家生產力委員會（National Productivity Board, NPB）裡找到了第一份工作。我在那裡做了 12 年，沒有從任何獵頭公司拿到過一張名片。

我的第二份工作是在通用電氣。光輝國際、史賓沙（Spencer Stuart）和億康先達（Egon Zehnder）這些世界上最大的獵頭公司的人邀請我共進午餐，向我提供潛在職位的消息。當我決定離開通用電氣時，不到兩個月，DHL 和強生就向我伸出了橄欖枝。

我在通用電氣之外並沒有赫赫名聲。我沒有獲得過任何業界或者國家獎項。但我當時在世界上最具價值的公司中任職，為這個世紀最受敬佩的首席執行官工作。而作為亞洲區的領袖發展培訓主管，我做的工作正是許多人欽佩傑克·韋爾奇和通用電氣的原因 —— 培養領導者。我被標籤成「領導者培養專家」。我受到歡迎的原因，和人們想擁有一件菲拉格慕（Salvatore Ferragamo）一樣 —— 表現、品牌，以及可以聲稱自己「擁有菲拉格慕」的榮耀。

表現很重要。你的品牌也很重要。哪一樣更重要？

雇用員工，是藝術多過科學

雇用員工，是藝術多過科學。所以，儘管我仍然使用評估結果和其他工具，但我也依賴一套原則，用以幫助我挑選應聘者：

1. 尋找如下品質：

   - **正直：**這是我要求所有應聘者都必須具有的唯一品質。我會因此而信任他們。

   - **態度和技能：**這兩項都需要。畢竟，如果一個人具有非凡的技能，但卻對他的工作掉以輕心，你會雇用這樣的人嗎？反之，如果一位外科醫師具有極為端正的態度，但卻沒有經過驗證的手術技能，你會讓他在自己身上動刀嗎？

2. **看到履歷沒寫的。**不僅要弄清楚他能做什麼（他的技能），而且要弄清楚他將怎樣做到這一點（性格）。

3. **注重你的直覺。**最佳雇用決定並非取決於信息，而是取決於理解。如果你想要信息，閱讀履歷即可。但如果你想要理解應聘者會如何在壓力重重的條件下作出一項複雜的決定，你就需要注重你的直覺。

永遠不會有十全十美的應聘者。所以，如果某個應聘者滿足了 80% 的要求，是個正直的人，能夠與他人合作，能夠學習與適應，我就會給出 offer。

審視履歷背後的應聘者

每位應聘者都會遞交一份履歷,但我從來不會根據履歷選人。為什麼?

因為,一份履歷能告訴我們某人過去的經歷和技能,但永遠不會告訴我們:他曾經在凌晨兩點做完了工作才離開辦公室,或者曾經因為要做正確的事情而為一位員工辯護。

所以,如果你想要雇用正確的應聘者,不要僅僅專注於學校、分數、工作經驗和他們認識誰。而是要找到隱藏在履歷後面的那個人。

他們是否有熱情?他們是否渴望成功?他們是否有堅定的決心?

所以,在檢查了工作經歷和技能等欄目之後,我用一些簡單的方法尋找履歷後面的那個人:

1. **在辦公室以外面試:**有時候,在非正式的場合下觀察應聘者,可以讓他們更放鬆,並揭示他們的真實「特色」,能夠深入地了解他們的內心。

2. **檢查應聘者的求職信:**信中所說是否令人信服?應聘者是否曾通過電子郵件或者電話後續跟進?

3. **讓應聘者與團隊共進午餐:**我必須看一看,應聘者與可能的同事之間是如何雙向互動的。

4. **與應聘者的推薦人閒聊：**我會問些與工作無關的問題 —— 應聘者是否有幽默感？他／她如何對待挫折？他／她是個「我型」（I）還是「我們型」（we）的人？其實，LinkedIn 有一種超越了這種做法的獨特的公司實踐。在做出最後決定之前，他們邀請應聘者過去的同事、下屬甚至配偶前來，與他們交談。

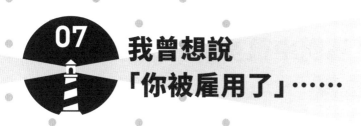

我曾想說
「你被雇用了」……

我曾想說「你被雇用了」，儘管面試才進行了 10 分鐘。

但我沒有說。因為有一種叫做**「光環效應」**的東西。一旦你喜歡某個人，你就開始尋找加強他的優點的東西，同時漠視他的缺點。

所以我要保證自己是客觀的，並搜集更多的有關應聘者的信息。有趣的是，如果我僅僅依賴客觀評估，我找到正確的應聘者的成功率很一般。

但是，如果我在客觀性的基礎上傾聽自己的直覺，我就會做出一些最成功的招聘決定。

正確的招聘決定並不取決於信息，而是取決於理解。如果你想要信息，閱讀履歷即可。

但是，如果你想要理解應聘者會如何在壓力重重的條件下作出一項複雜的決定，那你就需要依賴對這一工作的知識、想像力和直覺 —— 你要依賴你的直覺。

我的頭腦可能會迷失，我的心可能會喪失客觀性，但當我的直覺開始說話時，我會傾聽！

08 「我們中很多人的工作做得很棒……」

「我們中很多人的工作做得很棒，但在工作面試方面一塌糊塗。」我同意卡爾·威金斯（Karl Wiggins）的觀點。

所以，為了更加準確地評估應聘者，我幫助他們在面試中表現得更好，我的做法是：

1. **微笑，向應聘者問好**：我告訴他們我要做什麼，並問他們對於工作職位是否有任何問題。這會讓許多人放鬆下來。

2. **不要問有意給應聘者使絆的問題**：這會在面試中造成不信任，從而得出錯誤的評估……而且我確實不喜歡這樣做 —— 無需贅述。

3. **讓應聘者解決一個問題**：那些技能出色但不善表達的人會非常喜歡這種做法。

4. **在哈根達斯雪糕店裡面試**：我總是點朱古力口味，因為它能讓我的心情非常愉快，而且確實，應聘者也更放鬆、更能敞開胸懷。

5. **問些應聘者感興趣的事情**：然後仔細傾聽，用後續問題探測細節。

6. **不要用智力測驗題**：「它們只是在浪費時間，無法預測任何東西，」前 Google 人力運營部（people operations）高級副總裁拉斯洛·波克（Laszlo Bock）如是說。

讓應聘者在面試中更放鬆地表達自己，這將讓你更有機會請到能把這一工作的做得很棒的人，難道這不是真正重要的事情嗎！

微笑　傾聽　放鬆　愉快

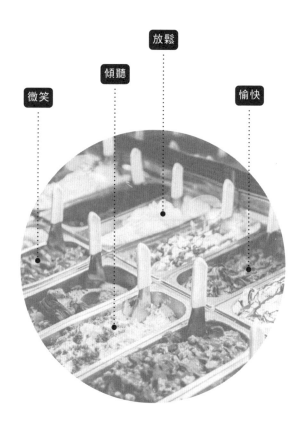

應聘者遲到

我非常不喜歡遲到,而且討厭等人。但我能夠感覺到應聘者因為遲到而感覺到的絕望。

我在第一次去見我在通用電氣的上司史蒂夫・科爾的時候也遲到了。當我最終在一個小時後到達他的辦公室時,他對我說的第一句話是:「我也碰到過交通堵塞,這實在太糟糕了。」這立刻讓我放鬆了下來,因為他知道我的遭遇。

> **同理心 —— 這就是你不去評判他人,而是脫離自己的情感去傾聽他人、感受他人的情感並經歷他經歷的事情。一旦我們感受了他們的痛苦,我們就能夠對此感同身受。**

我正要告訴一位應聘者,說我自己也曾遲到,希望這能讓她放鬆下來,這時她說:「我找不到一條我能接受的理由來解釋這次遲到。我想說,這不是我的作風,而且絕對不是我的工作方式。此外,五年間我只遲到過一次,所以我以後遲到的可能性接近於零!」

「你在來這裡的路上演練了這番話嗎?」我問。

「是啊,只有這樣,才能讓我保持清醒!」

我給了她 offer。她接受了。我們一起工作了七年。這是我做出的最佳招聘決定之一。

證實還是信任？

一位應聘者接受了我們的工作 offer，但只能在四個月後加入團隊，因為她參與了一項重大的併購。她非常出色，所以我同意給她所需的時間。

但四個月後她還是無法前來工作。我的上司讓我壯士斷臂，放棄她；但我相信這位應聘者的解釋，即併購工作常常要遵循它本身的時間表。

但又過了一個月，我知道自己押錯了寶。她現在所在的公司挽留她，給她的提議就連教父也無法拒絕。[1]

我覺得很失望。

更糟糕的是，我拖累了其他人。

我告訴我的上司，說自己判斷失誤。

我錯誤地信任了他人。

我的上司說：「信任，但要證實。」

但如果你需要在信任與證實之間二選一，選擇信任。

你會怎樣選？

---

[1] 《教父》（*The Godfather*）台詞：「我將給他一個他無法拒絕的提議。」（"I'm going to make him an offer he can't refuse."）──譯者註

退出一份工作錄取

我（Handi）曾在日惹的通用電氣照明公司實習。當我以很好的 GPA 畢業時，一家吸引了許多出色應聘者的大型本國公司給了我一份工作 offer。於是我決定結束在通用電氣的實習。

通用電氣的財務總監讓我去一趟在雅加達的通用電氣辦公室。

財務總監：「為什麼你要離開通用電氣？」

我：「我剛剛畢業，就得到了這家大型本國公司的工作錄取。現在是我找一份正式工作的時候了。他們說有一份營銷工作很適合我，下週一開始工作。」

財務總監：「我們給你一份在雅加達的財務工作，我可以給你更高的薪水，你也可以下週開始。你覺得怎麼樣？」

我：「嗯……給我一天考慮考慮。」

那天下午，我徵求我的叔叔的意見。薪水高了不少，我可以在雅加達工作，而且最重要的是，通用電氣是一家極好的公司。

星期一我給那家本國公司的招聘者打電話。很遺憾，我無法加入他們的公司，我決定「留在」通用電氣。她很失望。

▋ 我的做法是道德的嗎？是專業的嗎？ ▋

老實說，21 歲的時候，我並不真正知道我想要什麼。你在那時知道嗎？

我只是想工作，達到財務獨立，這樣可以幫助我的父母。這算不上什麼宏大的計劃，也算不上什麼遠見或者目標。

我只是在不斷地為生活奔波。

如果你是我，在那個年紀，你會做出什麼樣的不同選擇？

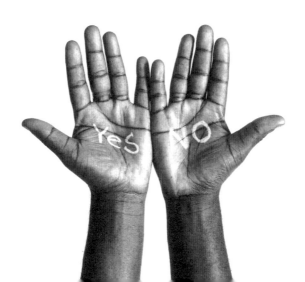

12 我有史以來的 最佳職業決定

億康先達的顧問是正確的。我從來沒有對一家具有獨特文化、擁有 10 萬員工的企業集團的億萬富翁老闆直接負責的經驗。

年已 53 歲的我，是去迎接我職業生涯中的最大挑戰，還是保險為上，繼續做我順風順水的當前工作？

我一直在糾結這個問題，直到我靈光一閃，突然想起我在一次徒步旅行中讀到的警示。警示的文字大致是：

> **「向上的小徑比你迄今走過的陡峭得多。只有當你有能力向上攀援一千步並且返回的時候，你才應該繼續前行。」**

這次旅行或許是我有史以來最艱難的，而且我無法斷定自己是否能夠到達終點。但我記得我做出了什麼回答，正如我知道我現在的回答會是什麼：**「管他呢，試試看。」**

後來證實，這是我有史以來的最佳職業決定。

改變職業

我（Handi）想要從財務部門轉職人力資源部門。許多人會覺得，職業生涯中的變化令人恐懼，但我擁抱這種變化。我知道我可以在人力資源部門發揮全部潛力，因為我真正熱愛的是培養人。

關鍵是要找到願意給我機會一試的領導者。而這正是渣打銀行的艾琳·威森（Irene Wuisan）和西蒙·莫里斯（Simon Morris）這樣的領導者所做的。

這是將會持續一生的熱愛的開始。我承認，離開通用電氣是個艱難的決定，更何況我的老闆也極力挽留。**但有時你必須打破現在，才能創造全新的未來。**促成這一變化，是我有史以來的最佳職業決定。我在我熱愛的工作崗位上茁壯成長，我提供的價值很少有人能及 —— 一個在通用電氣的財務環境下成長起來的人的嶄新的商業視野。

最重要的是，我充滿了激情，因為我知道，如果我的工作卓見成效，員工們會成長，企業會騰飛！

你是否渴望一次職業變化？

你可以自己選擇老闆!

除了兩次例外,無論在通用電氣、強生和以後的金融領導人國際中心(Iclif)以及金光集團,我都是自己挑選老闆。我在職業生涯的初期比較艱難,那時候我根本沒有想過選擇老闆。

但現在今非昔比。**下面說說如何選擇老闆:**

1. 弄清我希望有什麼樣的老闆。我有兩條標準:(a)我們的價值觀相同;(b)信任 —— 我會信任他嗎?他會信任我嗎?

2. 評估這位老闆能否滿足我的期望。我的做法如下:

當進行工作面試時,我會提出幾個問題,它們會開啟圍繞價值觀、信任,以及人的發展等方面更深入的談話:

*   你會因為什麼原因給某人升職或者解雇某人?

*   某人會如何得到 / 失去你的信任?

*   在你的職業生涯中,誰對你的幫助最大?

如果被指派為一個新老闆工作,那時應該怎麼做?儘管這位老闆不是我自行選擇的,但我仍然可以運用上述兩項標準,決定我今後是否願意繼續為新老闆工作。關鍵是要用開放的心態去了解管理者。

與此同時，我也努力工作以贏得信任，並發展積極的關係。

如果我們合不來，而且關係惡化，那就請求調任，換一個工作項目，而如果情況合適，那就跳槽，去另一家公司。

你不是遭受綁架的人質。
你也可以選擇你的老闆。

明智地行使你的這一權力。

15
點擊！

我遇到一個朋友，他花了一年多時間找工作。這樣的努力會讓人身心俱疲，因為被拒絕會令人緊張，即使最堅強的神經也在所難免。

最近他被請去面試。他就像即將奔赴戰場那樣進行準備。面試那天，招聘經理的航班延遲了，只好由他的下屬負責面試。我的朋友沒有得到這份工作，他大為沮喪。

所以，當看到了一份 LinkedIn 的工作廣告時，他最初的反應是：「這又有什麼意義！」但他還是附上了一份履歷，**點擊**，然後忘記了這件事。

兩天後，人力資源部的負責人來電話安排面試。第二天他去了，結果發現，和人力資源部的人一起出現的還有其他方面領導人，包括他的潛在老闆。天哪！

面試後第二天，人力資源部的負責人打來了電話。她解釋道：儘管他們對於他的技術技能的深度有些擔心，但他的人品和學習能力打消了這些疑慮。

我的朋友加入了一家百億美元營收規模的世界級公司。他將為一個老闆工作，後者認為他並不完美，但看中了他的潛力，相信他有能力做更多，而且將會做得更多。

整個招聘過程只用了六個工作日！

之所以發生了這一切，只是因為他不肯放棄，然後決定按下點擊鍵！

管他呢，試試看

通用電氣打電話給我，讓我去面試。我覺得自己毫無希望。我沒有什麼耀眼的學位，也沒有令人驚歎的履歷。我也從來沒有掌握什麼罕見的技能。

但管他呢，試試看吧！

我拿下了那份工作！

招募經理邦妮・麥基弗（Bonnie McIvor）說我必須傾盡全力。我後來在通用電氣的 10 年間就是這麼做的。

所以，親愛的求職者，我知道，專家們說要專注於正確的公司，選擇你能做的工作，給你自己一個現實的機會。90% 的情況下他們是對的。

但也會出現千載難逢的機會，地獄冰封，夢想成真。

所以，別管那麼多，試試看就是！

選擇的
權力

年關將近，我對我的老闆和公司做一次評估。

為什麼？

這會提醒我，我有選擇自己為誰工作的權力。

你怎麼想？值得一試嗎？

「得到工作機會只是任務的 10%，在工作中出人頭地是餘下的 90%。」

—— 黃福良

「在一家新公司中開始一項新工作，這時需要格外留意。你必須迅速地
與人們接上關係，並儘快地讓他們信任你。」

—— 許漢迪

啟動

超越年齡的智慧？

她剛剛加入我們的團隊。第二天工作結束時，她提出請假，要與家人一起去度假，這對於她的父親很重要。我告訴她，讓我想一想。

這位 27 歲的員工缺乏動力或者承擔嗎？還是說，她上班第二天就請假的這種膽量讓我吃驚？都不是。真實的情況是：她想和自己的家人在一起，我不想反對。

當我像她這個年齡時，人人都告訴我，我的優先考慮是事業 —— 讓家人驕傲，幫助家庭支付開銷。於是我工作，沒有去參加親友們的生日與週年聚會。我以此換來了成功的標誌：房子、汽車，然後是更大的房子，更大的汽車。

隨着我的地位提高，我為公司的目標服務，為更大的社區做貢獻。我的工作很充實，令人陶醉。這就是我的人生定義。但我不得不問：「**我真的想以這樣的方式度過餘生嗎？**」

所以，當這位年輕女士讓家人優先於工作時，我必須問：她是缺乏志向，還是有着超越她年齡的智慧？

我無法斷定，但給了她假期。

你怎麼想？

我是否應該批准她去度假？

態度決定一切

兩位實習生剛剛加入我們的團隊。他們來自同一所學校,同一個社區,有同樣的成績。

我問了他們一個問題。其中一個答道:「啊?我是新人哦。」另一個說:「查查 Google 吧……嗯,找到了!」

態度決定一切。

我敢打賭,尼爾岩士唐(Neil Armstrong)從來沒有說一聲「啊」便輕言放棄。在他邁出了人類的那一大步之前,他首先邁出了許多小步,如在雙子座 8 號任務中飛行、學習航空工程學、擔任試飛員,他還是鷹級童子軍的一員!他逐步贏得了邁出那最後一大步的資格。

略過那些小步驟,你就會錯失那些你應該學習的課程,成功就不會向你招手。所以:

- **做你的工作**

- **掌握你的專業技巧**

- **成為專家**

這就是在「啊?」和「找到了!」之間的不同。

內向者與外向者

▌ David：我是個內向者 ▌

我喜歡自己獨自一人，這樣我可以出色地完成工作。人們時常建議我與人交往，但這讓我很惱火。他們知道自己在要求一位內向者做什麼嗎？但我發現，升職和其他職場獲益是受業績之外的因素影響的，這時我覺得自己受了騙。這不公平。

所以我就此做了一些事情 —— 養成了新的習慣，以此獲得我的才能和精神應有的回報：

1. **負起責任**。確定成功與否的人並非內向者或者外向者，而是一個叫做「我」的人。

2. **信奉 PIN 三字訣：**

   - **P** 即業績（Performance）：出色的工作結果。

   - **I** 即形象（Image）：讓人我的工作熱情和我提供的價值給人留下印象。

   - **N** 即人脈（Network）：那些維護我的人。

3. **與人打招呼。**在工作中，我向與我的事業密切相關的三個人做自我介紹。然後我聽取他們的意見，分享我的熱忱，並談論高於我的等級的那些領域的情況。而且我一有機會就會再次這樣做。

4. **在會議上發言，採用 MACE 四字訣做準備：**

   - **M** 即（弄清）會議（Meeting）的目的：這次會議是為了共享信息，解決問題，還是做出決定？

   - **A** 即增加價值（Add）：為了達成會議目的，你可以做些什麼？

   - **C** 即交流（Communicate）：知道你應該說什麼，並清楚地把它說出來。

   - **E** 即來得早（Early）：這樣你就可以選擇一個人們容易看到你、聽到你說話的座位。

5. **最重要的是，接受內向。**不再把它視為一種負擔。相反，我尊重自己的真實本性和它引導自己走向成功的種種天賦。愛因斯坦（Einstein）、甘地（Gandhi）、羅琳（Rowling）、蓋茨（Gates）和赫伯恩（Hepburn）都是內向者，他們都在工作中取得了驚人的成就。

現在，我前往參與大部分我受到邀請的活動，但不是全部。這並不是因為我不善於社交或者缺乏自信。有時候，我只是更願意和我的妻子在一起，來上一杯紅酒，讀點書。

你呢？

┃「說出來」是內向者總是會聽到的建議 ┃

為什麼？因為人類傾向於外向。傑克·韋爾奇說：「帶有正能量的人們通常是外向的⋯⋯ 他們善於言辭，易於交友。」所以，很容易找到外向者的優點。但是，儘管人們欣賞內向者的傾聽能力，但發現某個善於傾聽的人並不容易。

因此我在此分享喬（Joe）的故事。當時，通用電氣的一個團隊正在準備向當時的總裁傑克·韋爾奇彙報工作。問題是：他們無法就應該傳遞哪些信息取得一致。每個人都發表了意見 —— 除了喬以外的每個人。喬是個內向者，他更喜歡安靜的環境，而不是跟一群吵吵鬧鬧的高能量人士混在一起。這夥人剛剛就一個問題辯論了 30 分鐘，但毫無進展。然後有人請教喬的意見。當他說完之後，整個團隊一致認為，喬的看法極為精闢。

有人問：「你是怎麼想到的？」喬的回答是：「我只不過是把你們討論的要點綜合起來，讓它們凝聚在一起。」喬不僅僅是一位傑出的傾聽者，而且他具有一種能力，即將雜亂無章的想法歸納到一起並加以整理，形成一個統一的概念，並清楚、簡潔、有說服力地加以表達。

猜猜看，團隊選擇誰向傑克·韋爾奇介紹情況？不是喬。他有天分，但許多人不知道，因為人們見不到他、也聽不到他的聲音的時候實在太多了。

我問喬：「要不要好好曝曝光？」

他搖搖頭。

我歎了口氣。這是他的決定，但真是浪費啊。

▎漢迪：我是個外向者 ▎

我在大多數時間裡得到的忠告是：「三思而後行。」而且還要加上：「萬萬不可過分外向或者過分隨便」；「領導者是思考者」。

我並非生來外向。其實我很羞澀，缺乏自信。在印尼，好學生說話不多。他們傾聽，在學習上超越群儕。這一點也在家裡得到了加強。我的祖父讚揚我，因為我沉默寡言，守規矩。

通用電氣訓練我大膽說話，表現外向。當我參加通用電氣的財務管理課程（Financial Management Program, FMP）時，許多學員來自全世界的名校。在我的第一堂課上，當主持人分享信息或者提問時，一半以上的人舉手或者立即發言。

我感到困惑：「怎麼回事？」我們用不着得到允許就可以開口！

第一項啟示：如果你想到了什麼，說出來就是。

我在第一堂課上表現不佳，因為我無法參與討論。我對此深深地反思。幸運的是，我的學業成績優秀，得到了最高分，人們開始注意我。我的自信心也開始加強了，並努力做到了清楚地、有說服力地發言。交流技能是可以學到的，而且，出乎我意料之外的是，我發現自己天生就很會講話。

▎學習外向 ▎

我是怎樣開發了講話的能力和信心的呢？

1. 首先從心態開始。你受邀前去開會，因為人們相信，你會對完成會議的目標做出貢獻。如果你完全不說話，人們就不會注意你，

所以他們就不知道你的思想、意見或者想法，哪怕你確實有千條妙計。

2. 找到你能讓討論增加價值的機會。你可以總結要點，用有效的論證確認一個特定的建議，給出附加的視角，它能改變大家觀察問題的方式，甚至可以改變決定的方向。

3. 找到發言的正確時機，不要在人們說話的時候打斷他們。這是技巧和藝術的結合。同理心很重要，尊重很重要。其他人也有重要的事情與我們分享。

4. 當人們詢問你的意見時，說出你的思路和想法，不要逃避。

5. 組織你的想法，不要閒扯。

6. 作為外向者的另一個方面是在社交環境中的表現。當我是一位年輕職業者時，我對於一些人在午餐或者晚餐桌上應付自如的表現印象非常深刻。你知道他們是怎樣做的？很典型的是：他們通過講一個故事或者強調某個題材開啟一項討論。但更重要的是，他們提出問題，鼓勵其他人說話。他們不會壟斷談話，而是讓其他人覺得自己身在圈子之中。

7. 最優秀的交流者也是最佳傾聽者。他們踐行積極的傾聽——他們專注地聽別人說話，不時點頭、問問題，以確保其他人知道他們正在傾聽。

8. 保持與他人同樣的節奏。這意味着你調整自己，適應傾聽你談話的人的需要。如果你與一位內向者交談，不要表現得過於直率。如果你與精力充沛的人們會面，設法也和他們同樣熱情。人們喜歡那些與他們相似的人，這是人類的天性。

親愛的內向者

有時候，資歷、能力都不如你的人會拿下你想要的工作，因為他們能夠：（1）談論多重主題，（2）衣着更適於這項工作，（3）在團隊環境下有更好的互動，（4）表現得更好，微笑得更多，能夠說笑話，（5）與決策者配合得當，給他們留下了正面的印象，（6）更加自信。

上述每一項都是一種表現，除了自信之外都可以通過學習獲得。自信是贏得的。

以外向者的方式與人互動可以很有趣，很有好處。所以，去吧，你可以開始學習，培育一份你應有的職業生涯。但這也很累人，是不是？這是社交生活。有一點像游泳時的溯流向上。當你掌握了這些動作，你說話的方式、走路的方式、甚至微笑的方式就都會有微妙的不同。**但你可以意識到自己仍然是真實的。**

自信也就在這時出現，並悄悄地在你耳邊說：**「去吧。」**

內向者學習社交之路

我是一個內向者，今年 59 歲，三年前註冊了 LinkedIn。我設立了一個目標，要讓一篇貼文有 100 萬人瀏覽，因為達到目標是我得到快樂的方式，但我不知道應該怎麼做。畢竟，要讓 0.2% 的 LinkedIn 用戶瀏覽一篇貼文到底有多難？

我的第一篇貼文有 217 人瀏覽，一個人 like（來自我太太）。

我的貼文發得越多，相應的批評也就越多，比如說我語法不佳啊、內容不好啊等等。但這從來沒有讓我焦慮不安，因為我喜歡我寫的東西，而且我太太也很喜歡。我知道我會越寫越好。

所以，當你做你喜歡的事情，但卻做得不好時；當你知道會有人詆毀時；當懷疑產生時 —— **記住你這樣做的原因，這樣你就會知道：這件事值得一做，值得堅持。**

然後，大膽地挺起胸膛，眼睛盯住球，堅持下去，傾聽，學習，接着便越做越好。

你或許會從 G. K. 切斯特頓（G. K. Chesterton）的話中得到安慰；他說：「如果某人在做某事時知道自己不會因此得到名聲與財富，而且知道自己也不可能把這件事做好，但他還堅持做下去，這說明他非常愛做這種事。」

這位英國作家的話大部分都是對的,只有「不可能把這件事做好」說得不對。如果進行刻意的練習,具有天生的自信,有可以依靠的所愛的人,任何事情都可能發生。

空口無憑,只要看看我的一篇貼文怎麼樣就行了 ——

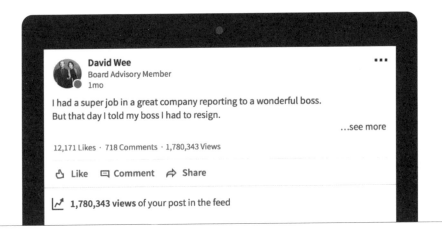

如何早日在職場取得成功

在你的早期職業生涯中，業績在你的職業發展中佔據了 90% 的比重，是它讓你在一般人中脫穎而出。然後，人們看中了你，讓你參與重點項目，出席高層會議，並得到了高層領導的注意。

要取得出人頭地的業績，你必須（1）深鑽業務，而且要快，（2）獲得獨特 / 有價值的技能和態度，（3）創造價值：

$$知識 \times 技能 \times 態度 = 價值$$

你究竟應該如何創造價值？

1. 謙虛，好奇，投入額外的工作，用自願接受艱巨任務表現你的投入和信心。

2. 將知識與技能轉化為價值。讓你的經理們信任你，這樣他們就會指導你，並將能夠發揮你的潛力的任務交給你。

3. 當你真正需要的時候尋求幫助。信心不足的人不會這樣做，但人們會將這樣做的人視為團隊合作者，這樣做的人會在回報他人的幫忙時建立良好關係。

4. 迅速承認你犯的錯誤。告訴你的上司／同事，你為什麼會出錯、
   怎樣出的錯，你會做些什麼來彌補這一錯誤，以及你從中吸取的
   教訓。誠懇、負責任，這是領導者會讚賞的品質。

你的業績如何？

看懂字裡行間的意思

在作為公司新人工作的第三天，我參加了一次總經理評審。公司總裁問我對於一個總經理職位的候選人的看法。

我認為這個問題對於我和這位候選人都不公平。我知道得太少，因此只能給出一個泛泛的回答。總裁知道這一點，那麼，**為什麼**要問我一個我無法回答的問題？**為什麼**當着他手下所有的首席執行官問我？**為什麼？**

然後我就明白了！

我說，「我還不了解他，但我會了解他的。」

他點點頭。

我補充說，我會花時間與所有的首席執行官交流，評估他們的才能。

他點點頭，笑了。

我明白，他並不是真的在詢問那位總經理候選人的問題。他是在做兩件事：

1. **檢驗一下新人**：我是否能看懂字裡行間的意思，並且知道我應該花時間與諸位人才建立關係？

2. **向首席執行官們傳遞一份信息：**「我將聽到這位新人的意見，所以，你們一定要為他花點時間，支持他。」

得到的啟示：不要急着得出結論。最好能夠看懂字裡行間的意思。

因勢利導求最佳

我看到一位實習生表情難看，於是問他：「為什麼苦着臉？」

「整天都在影印東西，」他回答。

第二天，我又在影印機旁見到了他。

「影印？」我問。

「昨天我在影印。今天，我在改進影印過程。」

「你怎麼想到了這一點？」我刨根問底。

「我想要充分利用現有狀況，儘量做好。」

那天晚上，我讓那位實習生在畢業那天就來見我，我會幫助他在我們的一項極富潛力的項目中弄到一個位置。後來的情況正是如此。那是二十多年前的事情了。

這件事始於一個人對另一個人有了興趣的時刻，這就是生活。

我們一直是很好的朋友，這也是生活。

你改變環境，
還是環境改變你？

我們是這家超級市場的常客，因為這裡有些別處沒有的東西。但這裡的服務一般，員工們在包裝我們買的貨品時做得很糟。

一天，收銀員在把我們買的東西整理到一起時做得非常出色，讓我們頗為驚喜。我問她是從哪裡學到的技能，能把東西整理得如此之好。「我只不過是像我在冷藏公司超市（Cold Storage，另一家超級市場）時那樣做罷了。」她說。

一個星期後，同一位收銀員為我服務，但她這次的整理工作做得很不好。我問她出了什麼事。她輕輕地說：「我的同事們說我讓他們難堪，說我在討老闆的歡心。希望你能理解這一點。」

環境：如果你改變不了環境，環境就會改變你。

26 新人的頭號優先項

許多人建議一位新來的高管儘快取得成效。這會顯示他的氣概和能力，創造一個成功的光環。但如果要立竿見影，那就意味着你要獨自一個快速行動。

如果你想要持久的革新，那麼你也必須鼓勵人們團結一致，達到共識。

所以，一個新人的頭號優先項是：**不再讓人們視你為外人，要讓他們像對待自己人那樣接受你。**

與人們見面，與他們交往，打成一片，這樣他們就會知道你是怎樣一個人，你的存在具有什麼意義，你在辦公室外是什麼樣子。而你也可以認識這些與你息息相關的人們 —— 他們看重什麼、支持什麼、他們的目標是什麼、他們在下班後是什麼樣子。

真誠地這樣做，其他人便不會再將你視為一個「外來者」，而會開始覺得你是「我們的一員」。堅持這樣做，然後你就會建立信任，有一個與你有着共同目標的團隊。

人們覺得這會費時很長。但實際上，你是以慢求快。一旦人們步調一致，就會形成勢頭，我們團結一致，可以走得更快、更遠。

打造信任關係

一位有經驗的新員工（experienced new hire，簡稱 ENH）問我：「在執行我的老闆特地要我處理的一項任務時，為什麼我需要諮詢同事們的意見？他們在沒有充分的理由的情況下就否定了我所有的想法，我是不是太敏感了？」

每一位 ENH 都應該追求兩個目標 —— **儘快開始表現並建立信任關係。**

許多 ENH 專注於表現。許多人忽視了信任關係，因為它的影響不那麼清晰可見。然而，如果團隊同事們不信任你，這會對你傷害很大。如果你花很多時間提防別人而不是用於工作，工作也會很沒意思。

所以，如果我是個新員工，我給人留下印象的方法不是向別人展示我知道些什麼，而是向他人提問並且傾聽。

而當我頭一兩次執行任務的時候，我會按照同事們的方法去做，儘管我覺得那種方法不對，但要以這種方法開始。

我會首先信任他人。

這就是我為了贏得信任、並弄清楚他們是否值得信任所付出的代價。

28 同舟共濟

公司時常會從外面招募一位高管，以期推動變革。這種高管觀點堅決，渴望迅速變革已有框架，這會讓其他人感到難以適應。於是人們會開始質疑：某種做法並無害處，為什麼需要改變？

高管們必須明白，知道什麼要改，怎麼改，是成功的變革平衡公式（change equation）的一部分。另一個同等關鍵的部分，是解釋**為什麼**這樣做，並讓變革得到接受和支持。

因此，要幫助新高管，讓他不至於搬起石頭砸自己的腳，並保護他，不至於遭到嘲諷者與反對者的傷害。

如果他能成功，人人都會受益。
如果他失敗了，他可能會第一個沉沒，
但要記住，你們都在同一條船上。

幸好破洞不在我們這邊！

萬事開頭難

我曾是個糟糕的新手經理，遭到降職。我的老闆從未讓我做好準備去領導他人，當我處境艱難的時候也沒有安慰我。我得到的教訓是：

- 我不想像我那樣，成為一個不知道如何領導他人的管理者。

- 我不想像我的老闆那樣，不知道如何關心他人。

- 我不想失敗，但不知道我必須改變。

我曾以為，同樣的事情多做幾次就可以成功。所以我像一個專家那樣行事，大叫大喊地發出命令；告訴人們做什麼、怎麼做。而當我不知道怎麼做的時候，我就不懂裝懂。他們按我說的做，但卻：

- 沒有交流，

- 沒有投入，

- 也沒有遵從。

這曾是**我**和**他們**的情況。我能做什麼？我更多地重複同樣的事情 —— 更努力地工作、更巧妙地工作。我做了兩人份的工作，然後做了三人份，還想嘗試四人份的。**行不通。我沒有成功，我們都沒有成功。**

我真希望我當時知道我現在知道的事情。

「我想在 12 個月後取代我上司的職位」

我面試了一位應聘者，他應徵一家亞洲公司的高管職位。突然，他的一句話讓我們吃了一驚：「我想在 12 個月後取代我上司的職位。」

他想要他上司的職位，十分大膽，我的上司和同事們喜歡這一點。這說明他志向不凡，有自信，坦率，說話直截了當。他的經驗和技能專長是雇用他的其他原因。

我不贊同他們的意見，因為這位應聘者關心的只是「我」而不是「我們」。這會造成麻煩。

我的意見被否決了。他被聘用了。12 個月後，他來看我，對我說：「我沒有讓這裡發生變化。我還是離開為好。」

我說：「你還沒有贏得辭職的權利。這家公司是一艘超級油輪。你必須推動它前進，然後等它轉向。推動很容易；等待則比較難。你願不願意等待？」

他留下了，變聰明了，懂得了先慢慢走才能走得快的道理，結果做出了一番名堂。

他後來被任命為行政總裁。

正確是好事。能改正錯誤就更好了。

人事經理希望你知道

1. 拿出解決方案，而不僅僅帶出問題。為什麼？因為這就讓你成了解決問題的人。

2. 任何事情都要權衡利弊。如果我對你說「好的」，我就必須對其他人說「不行」。

3. 你的態度和你的業績同樣重要。與人合作完成任務與完成任務同樣重要。

4. 你無法選擇你想要聽到的反饋。而且我給你反饋是要幫助你，不是要打擊你。

5. 承擔責任 —— 不要做什麼都先請示。信任自己，如果做錯了，那就是你在學習。

6. 當我仔細地教你如何完成任務並且檢查你是否做對了的時候，我不是一個事無巨細都要管的管理者。我們稱其為訓練或者幫助你學習技能。

7. 不要請我當裁判。如果你與同事之間有麻煩，想辦法處理。

8. 信任 = 我預期當我不在的時候，你們也能把事情做好。

9. 我是為了幫助你才來的。不要掩蓋你的問題。它們就像死者的屍體，會腐爛、發臭，最後會浮出水面。

10. 我還漏了什麼？

人人都想知道：

· 你的頭銜是什麼？

· 你佔據了位置最好的高級辦公室嗎？

· 你有多少優先認股權？

· 你有司機嗎？

· 你的薪水是多少？

誰也不會問：

你在工作時稱心如意嗎？

「給你的員工一份遠超他們當前薪酬級別的職務，然後退下來，看他們起飛。」

── 黃福良

「改變人們的生活是一個領導者的極大特權。

有時候，只需要一個人就能讓情況改變。這個人會是你嗎？」

── 許漢迪

發展

找到正確的領導者

許多人尋找知道一切答案的最聰明的領導者。但最聰明的領導者總是想要保持自己是最聰明的那個，不肯分享最重要的答案。所以，我尋找的領導者會問問題，找出答案，以此解決大問題、抓住大機會。

傑克・韋爾奇解釋道：「當你是領導者時，你的工作是提出所有的問題。你必須毫不在意地把自己裝扮成房間裡最笨的人。你對於一項決定、一個建議或者某個市場信息所作的每一次談話都必須帶有下面這些問題：『如果發生了這種事該怎麼辦？』或者『為什麼不呢？』以及『怎麼回事？』」

最傑出的領導者謙虛、好奇、務實、注重行動。最重要的是，他們賦予你找到答案的權利。這讓你變得足智多謀，所以讓你能夠學習，拿下業績，增強自信心和信譽。

不要去尋找知道一切的最聰明的領導者。尋找那些問問題的領導者，問一大堆問題的領導者。

把寶押在人身上

我給我的員工一份遠超他當前薪酬級別的職務。這就是所謂「臨危授命」── 他的經理突然離開了。他說他做不了,沒這份經驗,缺乏自信。我承認,但我還是想讓他接下這份職務。

為什麼?因為他有三項品質,能讓他在這個崗位上脫穎而出:

● 熱忱,

● 與持份者的良好關係,以及

● 傑出的技能。

「我把寶押在你身上,因為我相信你做得了。」

我問他:「你會把寶押在自己身上嗎?」

他押上去了。他接受了這個職務,結果做得好極了。他很快拿到了更高的職位,並一直很出色。幾年後,他接受了微軟(Microsoft)的一個職位。今天,他是一家生意蓬勃的公司的創辦者和行政總裁。

明星也曾是普通人,需要有人信賴他們。如果你信任人們,就會產生影響。他們增強了自信,不再懷疑自己,產生了更高的志向,做出了令人驚歎的成就。我總是把寶押在人身上。所以他們成長得很

快，得到了實現夢想的推動。把寶押在那些想當人生贏家而且有能力的人身上，這幾乎是一項穩賺不賠的買賣。

而且，如果你非常走運，你押寶的天才也會成為你的好朋友！

你會在人身上押寶嗎？人們會在你身上押寶嗎？

幫助你的人起飛！

每年我都會收到不少生日祝福。讓我沉思的那些祝福來自我過去的下屬，其中包括七年前為我工作的秘書。

當我閱讀她的祝福時，我的第一個想法是：儘管我已經不再是她的老闆了，但她仍然喜歡我。那麼，我做了些什麼，讓我值得這些呢？我們在一起工作得很好，但還不到一年，她要求換做別的工作，增加她的技能範圍，讓自己有更多的職業選擇，增加加薪的機會。

重新安排她的工作不容易，但我讓她調動成功了。為什麼？因為把一隻想要飛走的鳥關在籠子裡是不對的！

就是在她調走的那天，我知道，我們將成為非常長久的朋友。

35 成為見習管理層人員

「最好的人才」會受邀參加管理培訓生（MT）計劃，比如通用電氣的財務管理培訓項目（FMP）或者怡和集團（Jardine Matheson）的怡和見習行政人員培訓項目（JETS）。他們將在那裡得到高質量的學習、發展、嶄露頭角機會，以及至關重要的經驗。

這就是我（Handi）如何開始自己的管理培訓生（MT）經歷的。

我過去的經理也是 FMP 畢業的，現在在一家跨國公司擔任首席財務官，他有一次停下腳步和我打招呼。

Y 先生：「你是優等成績畢業的，你現在做會計？如果你關心自己的事業，你應該參加 FMP！」

我：「但是，所有參加 FMP 的都是名校的海外畢業生。我不知道我夠不夠資格。」

Y 先生：「你起碼應該試試吧。說不定有機會呢。」

我（悄悄地對自己）：「真的？？」

受到他的鼓勵，我信心大增，決定申請參加 FMP。

為了參加 FMP，我接受了三位首席財務官和一位首席執行官的面試。

我被接受了。

不可能的事情發生了！

一點智慧：

- **如果你是管理者：**推動年輕人走向更高的層次。他們有許多盲點，而且缺乏自信！

- **如果你是新手：**了解在你的公司裡正在發生些什麼、你的職業道路，等等，而不是僅了解你當前的任務⋯⋯不要過分留戀你當前的那個小隔間！

36 人才囤積者還是人才管理大師？

有些管理者不肯放開他們的下屬，哪怕走上更負責的崗位都不行，因為他們是「不可或缺」的。但在三四年之後，不可或缺的員工不再學習了，因為他們一直在反覆重複同樣的工作。最終，無聊和自鳴得意拖垮了他們，讓他們不復昔日風光，變成了無足輕重的庸才。我把這樣的管理者叫做**人才囤積者**。他們自私自利，壓制、摧毀了人才。

但還有另一類管理者，他們的下屬在他們手下工作兩三年，接着經常會得到升職，轉而擔任更重要的職務。這些管理者們通過指導和授權給下屬，讓他們獲得能力，要求他們做到最好。他們知道自己下屬的強項，為他們提供他們實現夢想和潛力所需要的推動力。我稱這樣的管理者為**人才管理大師**。加速培養人才的渴望驅動着他們。

你想不想知道誰是囤積者，誰是管理大師？看看他們的下屬的業績和職業狀況吧。二者涇渭分明。

你曾經與囤積者一起工作過嗎？試試管理大師如何？

37 人才管理者類似於老爺車的照管者

你不會認為那些老爺車理所當然總是能開上路吧？你需要聆聽它的聲音，在它身上小修小補，每天對它關懷備至。怎樣做呢？

問這些人他們關心的事情，幫助他們找出解決辦法：

- 你知道我們對你有什麼期望嗎？

- 你是否得到了做出最佳表現的機會？

- 你做出了優秀的工作而且有人讚賞你，這種情況最近一次是什麼時候發生的？

- 你的意見有人重視嗎？

- 你在工作上有最好的朋友嗎？

- 你是否得到了學習與成長的機會？

日復一日、週復一週、年復一年地這樣做。這樣做很花時間，但得到的報償的價值要大得多。那輛老爺車開起來會像全新的一樣，甚至還更好！

而當其他人看到它時，他們會說：「我希望我也有這麼一輛車。」是否曾經有過這麼一位管理者，他對待你就好像對待一款經典老爺車、好像你非常特別一樣？

你是個阻礙者嗎？

你喜歡你的工作嗎？做這份工作你很拿手嗎？同一份工作你想不想再做許多年？

如果你的回答是 yes，那你可能是一個**阻礙者（blocker）**。所謂阻礙者，就是某個同一種工作做了一些年不打算挪窩的人。他們的業績可能非常出色，但如果不成長、不接受挑戰，他們將會停滯不前，最終表現得很差。

阻礙者也擋住了能夠把這份工作做得更好的人的道路，或者妨礙那些可以從這份工作中得到關鍵經驗並獲益的人。

我曾經是一個阻礙者。我過去在通用電氣，負責它的亞洲區領導人才發展小組。我喜歡這份工作，而且做得相當不錯。我曾在公司內外得到過工作機會，讓我擔任其他職務，轉職到其他公司，或者搬到雅加達、東京、上海、高雄、康涅狄格州或者布魯塞爾工作。

我說不去。

我後來發現，隨着時間的推移，創新越來越難了 —— 我缺乏驅動力。我仍然做得不錯，但做得不錯不會對我的下屬和通用電氣有好處。我決定重新開始，便加入了另一家公司。我的繼任者接過了我的工作，他做得甚至比我更好，而新的挑戰讓我恢復了活力。

在我新工作開始的第一天,我接到了來自通用電氣的舊同事們的鮮花和良好祝願。直到今天,我的心總是想着在通用電氣的那些非凡的人們,以及我如此熱愛的美好崗位,儘管這個崗位幾乎讓我的事業停頓下來。

39 六月之癢

這或許是代溝，但我（Handi）喜歡頻繁變換工作 —— 適應不同的角色、職責和國家帶來的挑戰讓我精神抖擻。通用電氣的財務管理培訓項目（FMP）讓我學會了如何迅速地學習、適應和做出貢獻。

在 FMP 中，學員們每六個月輪換一次。通常，人們在頭兩個月裡快速學得。接下來的兩個月總是在追求目標。最後的兩個月是在嘗試實現目標，從而貢獻價值，這可以包括分析與建議，以及實施建議。

我非常喜歡這個過程，所以，每當我沒有在全新的工作環境下得到新任務，去追求解決複雜問題的時，我都會覺得很「癢」。我猜測，我對於迎接新挑戰這種變化上癮；千篇一律的現狀讓我厭煩。當然，這種現象的缺點是，如果在一個崗位上只做六個月，就不會讓人深入並真正開始掌握特定領域，因此無法貢獻重大價值。

於是我很快地戒掉了這種「癮」，因為我想做出真正的、持續的貢獻，並對任務和職責示以「忠誠」。

我取得了進展。

我不再覺得「癢」了。

大膽說話！讓人聽到！

我明白你為什麼在開會時保持沉默 —— 你根本沒什麼要說的，或者不想在老闆和其他人面前表現得很蠢。

但沉默不語會傷害你。為什麼？

因為人們會認為你沒有想法、缺乏自信、無法貢獻力量。如果你什麼都不說，那你為什麼要來開會？人們會開始認為你無關緊要！這公平嗎？不公平！這會傷害你的事業嗎？真的會！

所以，要**大膽地說話**，你需要：

1. 事先準備幾件要說的事情。

2. 提前練好你的發言。

3. 開會的時候早點發言，這就會讓人們認為你是一個活躍的參與者。

但是，大膽發言並不意味着人們會認真傾聽。**所以要讓人聽到：**

4. 不要說諸如「我知道我還是個新人……」或者「我也不清楚我說的對不對……」這類話，因為它們會讓你的發言軟弱無力。

5. 提出一些能讓問題清楚或者能讓會議聚焦於正確議題上的問題，例如：「最大的兩個問題是什麼？」

6. 主動參與後續行動，於是你就能在下次會議議程上發揮重要角色。

7. 會後私下與與會者溝通，這樣就可以更為有效地討論一些敏感問題。

如果你照做以上的 1—7 條，你就會知道：

- 該說什麼（1和5），

- 不要說什麼（4），

- 如何說（3），以及

- 什麼時候說（3，6和7）。

大膽發言！讓別人聽到！人們不會看那些**小透明**，他們會看一位**領導者**！

走到聚光燈下

幾年前,我與一位很有天賦但很羞澀的人聊天。「如果你想要功勞,就去爭取。」我催促道。

「但是,優秀的人不需要功勞。」

「就說你想要的那份重要職位吧。還有另外 8 個人同樣熱切地想要它。你應該爭取這個職位,因為你是個天才,誰也不會做得比你更好。但你是得不到的。」

「但你剛剛說過,我是最好的!」他抗議說。

「但我說了不算。總裁和項目總管說了才算。你知道為什麼在超人的胸前有那麼大一個『S』嗎?因為這就會讓人們記住他是超人,是他們的英雄。那麼,這兩位老闆知道你超人一等嗎?」

「不知道。」

「他們知道你的名字嗎?」我問。

「不知道!好吧,我明白了!現在我該怎麼辦?」

「他們會來參加你的討論會,所以你應該做一次你有史以來最精彩的發言。然後我會安排一次會議,你就可以在會上告訴他們,為什麼你應該負責這個項目。」

「但是，但是……」

「想要這個重要職位嗎？那就走到聚光燈下。不曝光自己沒問題，但你能夠容忍某個水平低於你的人得到那份應該屬於你的工作嗎？」

他照做了，而且被選中了！那份工作他做得出色極了，而且做得越來越多。他的事業節節上升。

順便說一句：為了讓他入選，我和總裁和項目總管談過。但我從來沒有跟他說過，因為有些事情天才是不必知道的。

建立人脈

我和一位正在尋找新機會的內向者一起喝咖啡。她會很樂於幫助任何她認識的人，但在尋求他人幫助時覺得很難啟齒。我認識很多人（而且不僅是內向者），他們發現自己很難建立人脈，我過去同樣如此。

我過去認為，我的業績將決定升職和其他好處，但後來意識到，建立人脈可能更為重要。所以我學會了不浪費精力去抱怨，而是開始建立我的人脈。你也可以做到：

1. **發展**人脈始於幫助他人。盡你所能去**幫助別人**。你在這樣做的時候並不尋求回報，而是因為你想要幫助別人，願意出一份力量，把事情做好。

2. **動用**人脈可以幫助你得到對的工作。所以，如果你感到求助甚至接受幫助都很困難，那就要盡力學會成為最好的**接受者**：有禮貌地請求幫助，對任何幫助心懷感激，總是記住回報別人的善意，並把這種善意轉達給他人。

建立人脈 —— 始於通過幫助別人、給予他人善意，並在機會來臨的時候接受善意。你是給予者，接受者，或者二者兼有？

43 事關信任

「那個外國人沒有我那麼了解市場,但他得到了公司裡的頭號職位。作為本地人真是糟透了。」

但在跨國公司裡,許多本地人當上了頂級管理層。他們的成功秘訣是什麼?因為他們認識到,在公司高層,更重要的是信任而不是業績。

沃倫・巴菲特(Warren Buffett)對此的解釋最好:「在尋找雇員時要注意三大品質:正直、睿智和精力。如果沒有第一條,後面的兩條會讓你翻車。」

如果決策者信任你,你成為他的左膀右臂的機會大增。如果他們相信你能把別人的利益放在自己的利益之前,他們就會信任你。尤其是,你會:

* 以人為先。

* 把公司的利益置於個人利益之上。

* 能夠平衡長期增長和短期效益。

想要進入核心圈子嗎？要意識到，業績只不過是敲門磚，受到決策人的信任才能給你添加更大的砝碼。

為什麼你應該聽我的？我曾作為一個當地人才，接手了外派經理的工作。我曾擔任外派經理，然後由本地人才接手了我的工作。

44 伸出援手

我巧遇一位前通用電氣的同事。我們一起喝飲料、聊天,然後他提醒我,多年前,當他還是實習生時,我曾經給過他一項建議。這項建議大概是這樣的:

> **「你聰明,很機智,有辦法,工作搞得掂。但如果企圖心令你表現得很混蛋,這種消息很快就會傳出去,而且會令高層不快。所以,別再這麼做了。」**

誰都看出了這個狀況,但誰也沒對他說。或許是因為我們覺得終歸會有人說的。但不要猶豫。如果你看到有人需要你伸出援手,你可以 —— 幫助,責備,指導,分享,鼓勵,要求,推動,喝彩,建議……或者只是傾聽。

有時候,這就是某人需要的一切。

我們喜愛的書籍

書籍能給我們極好的想法，增加我們的想像力。下面是我們中意的一些書，尤其是有關管理、領導力和個人發展的一些書：

┃ David 中意的書 ┃

1. 《國家競爭優勢》（*The Competitive Advantage of Nations*），邁克爾·波特（Michael Porter）著 —— 為今後 30 年間的現代戰略思想提供了基礎。

2. 《華為的故事》（*The Huawei Story*），田濤（Tian Tao）著 —— 讓我對中國公司的能力大開眼界。

3. 《蒼蠅王》（*Lord of the Flies*），威廉·高汀（William Golding）著 —— 有史以來最可怕的書。

4. 《關鍵時刻》（*Defining Moments*）約瑟夫·拜德勒克（Joseph Badaracco）著 —— 當這些時刻到來時，我已準備就緒。

5. 《新加坡賴以生存的硬道理》（*Hard Truths*），李光耀（Lee Kuan Yew）著 —— 領導我們的是一位將國家置於首位的高尚領袖，我為此感謝上蒼。

6. 《**首先，打破一切常規**》（*First, Break All the Rules*），白金漢和考夫曼（Buckingham and Coffman）著 ── 許多有關領導人物的簡單事實，讓我耳目一新。

7. 《**企業的人性面**》（*The Human Side of Enterprise*），道格拉斯・麥格雷戈（Douglas McGregor）著 ── 麥格雷戈是第一批將公司人性化的人之一。

8. 《**飄**》（*Gone with the Wind*），瑪格麗特・米切爾（Margaret Mitchell）著 ── 讓我喜歡女強人。

9. 《**從優秀到卓越**》（*Good to Great*），吉姆・科林斯（Jim Collins）著 ── 展示了創造傑出的公司的實際方式。

10. 《**1984**》（*1984*），喬治・奧威爾（George Orwell）著 ── 教導我：正確的事情值得為之一戰。

11. 《**引爆潛能：喚醒你心中沉睡的巨人**》（*Awaken the Giant Within*），安東尼・羅賓斯（Anthony Robbins）著 ── 因為我的成功源於我自己。

12. 《**戒煙的簡單方法**》（*Easy Way to Stop Smoking*），亞倫・卡爾（Allen Carr）著 ── 幫助我戒掉了 40 年的老習慣。

▌Handi 中意的書 ▌

1. 《**致勝**》（*Winning*），傑克・韋爾奇著 ── 講授管理公司的各方面。

2. 《談判力》（*Getting To Yes*），羅傑・費希爾和威廉・厄里（Roger Fisher and William Urry）著 —— 有關談判和解決衝突的經典著作。

3. 《新厚黑學》（*Thick Face, Black Heart*），朱津寧（Chin Ning Chu）著 —— 在積極的領導和黑暗骯髒的商業伎倆之間取得平衡。

4. 《對不完美事物的熱愛》（*Love for Imperfect Things*），慧敏法師（Haemin Sunim）著 —— 讓頭腦冷靜，讓心靈純潔。

5. 《關於跑步，我說的其實是……》（*What I Talk About When I Talk About Running*），村上春樹（Haruki Murakami）著 —— 讓我從那時起便熱愛奔跑，並選定了 Asics 跑鞋。

6. 《TED 演講》（*TED Talks*），克里斯・安德森（Chris Anderson）著 —— 學習如何成為一位可信的優秀演講家的好方法。

7. 《智者》（*Wise Guy*），蓋伊・川崎（Guy Kawasaki）著 —— 川崎來自夏威夷，我曾在那裡生活了四個月，是我一生中最美好的時期之一。

8. 《大思維的魔力》（*The Magic of Thinking Big*），大衛・J. 施瓦茨（David J. Schwartz）著 —— 超越當前能力進行思考的簡單、有效的書。

9. 《在生命遊戲中取勝》（*Winning The Game of Life*），邱緣安（Adam Khoo）著 —— 一本非常激勵人心的書。

10. 《第二座山》（*The Second Mountain*），大衛・布魯克斯（David Brooks）著 —— 教會了我如何在逆境中管理情緒並勇攀生活中的另一座高峰。

11. 《跑出全世界的人》（*Shoe Dog*），菲爾・奈特（Phil Knight）
    著 —— 有關企業家精神和毅力的最佳書籍之一。

....

12. 布萊恩・崔西（Brian Tracy）撰寫的任何書籍 —— 如果你想提
    高工作效率，閱讀他的全部著作。

....

還有其他很多很多……書籍是世界的窗戶。

我們必須
學習再學習

因為技術的傳播速度快過社會獲得智慧的速度，

所以我真誠地希望領袖們不要忘記同情的訓誡，

並將站在我們一邊，而不要袖手旁觀。

「當人們從事自己熱愛並精通的工作時，他們將有上乘表現。」

—— 黃福良

「作為一個領導者，如果你真正關心你的團隊，那你就在他們工作狀態不佳的時候告知他們。如果看到他們工作得非常出色，你絕不應該吝惜讚美與褒獎。」

—— 許漢迪

管理表現

46 光有天分還不夠

光有天分還不夠,重要的是你用它做什麼。

你可以跑得很快,那是你的**能力**。如果你有**熱情**,那麼你能跑得更快的機會更大得多。為什麼?因為你渴望做得更多,將能夠忍受重複練習和一個要求嚴格的教練;你將在遭受挫折之後反彈,再次嘗試。

在科羅拉多的人才發展協會(Association for Talent Development, ATD)會議上,我第一次展示了下面的矩陣,用以解釋能力和熱情之間的關係,以及它將如何影響個人及其表現。

能力 × 熱情矩陣

高 ↑	**第一象限** 高熱情 低能力 **令人沮喪的天賦**	**第二象限** 高熱情 高能力 **最佳位置**
熱情	**第三象限** 低熱情 低能力 **糟糕的位置**	**第四象限** 低熱情 高能力 **浪費了的天賦**
低	能力	→ 高

第一象限：高熱情 + 低能力

我喜歡打籃球。但我身高只有 5.4 英尺，而且缺乏運動天賦，這是我的主要障礙。我比 NBA 中最矮小的運動員高 1 英寸，所以沒有什麼不可能的事情，但我是否願意為可能性極小的事情付出最大的投入？

第二象限：高熱情 + 高能力

這是你的最佳位置：你熱愛你所做的事情，而且非常精通。接受這個象限的工作！

第三象限：低熱情 + 低能力

失望之中亦有一線希望，你知道自己不擅長什麼、不喜歡什麼。避免這個象限的工作！

第四象限：低熱情 + 高能力

這個象限內的工作可以讓你衣食無缺，但對你的靈魂貢獻甚微。但確實有些人能把這些工作做到極佳，並且逐漸愛上了這份工作。你也可以保留這份高薪工作，同時做你熱愛的項目。

以上對你有幫助嗎？

能做這份工作的人

能做這份工作的人，是具有 APA 的人：能力（Ability）、熱情（Passion）和適應性（Adaptability）。

1. **能力：**所以智商、情商、技能、經驗，以及領導其他人得出最佳業績的能力非常重要。

2. **熱情：**所以態度、精力、職業道德都能讓情況有所不同。

3. **適應性：**所以成長心態和學習靈活性至關重要。

任何具有 APA 的人都是頂級工作者。但具有這些品質還不夠。沒有正直，一個頂級工作者可以摧毀一家公司，無法被人信任。無論他的能力多麼強，熱情多麼高，不要考慮他。

事關正直，沒有任何妥協的餘地。

光有業績還不夠

在你的職業生涯之初，業績就是一切。但一旦你進入職業生涯中期，光有業績就不夠了。

「我的業績不言自明。」但誰又知道你的業績？你的上司和同事。那還不夠。為什麼？因為還有許多升職和任命是由根本不認識你的領導者決定的！

試舉一例。你夢寐以求的工作觸手可及，你的名字進入了候選名單。如果沒有任何領導者認識你，那就不會有任何人為你說話。事實上，領導者或許會說反對你的話，因為他們擔心會讓一個不知底細的人擔任重要職務。你的業績和潛力或許強於其他候選人，但如果在這個會議中沒人認識你，那你就不會有任何機會。

所以，與高層領導者接觸與互動至關重要。這會讓他們知道你的價值，你的成就和你的潛力。如果你在他們眼睛裡形象正面，他們就可以成為你的舉薦人，可以推動你的職業生涯。

所以，作為一位沒有舉薦人的績優工作者，他的職業生涯可能比不上一個成績不那麼優秀但有舉薦人的工作者。

這公平嗎？當然不公平！

這種情況會發生嗎？時時刻刻都在發生！

想要就此做點什麼嗎？

唯一的機會

我曾經是一家擁有 10 萬員工的公司的人力資源部負責人。我每天都與人會面。我在早餐、午餐和晚餐的時候與他們會面,整天都與他們會面。我在總部、在他們的辦公室、在我家裡、在機場與他們會面,在小組會上、在業務評估會上、在顧客活動當中、在市區會堂裡與他們會面,或者一對一會面。

我經常見到我們的頂級工作人員。但其他人我一年只見一兩次。我徒勞無益地想要記住每個人,成百上千的人。對於那些我第一次見到的人,在相當長的一段時間內,我能記得的有關他們的唯一的事情,很可能就是他們給我留下的第一印象。

其他高管也是如此。所以,如果你有機會與一位高管接觸,一定不要漫不經心。要把它當作你只有一次機會的事件 —— 這是讓他們知道你是誰、你在做什麼、你想做什麼的唯一機會。不要錯過!

「我經常在與某人會面的 30 秒鐘內確定有關此人的情況。」理查布蘭森(Richard Branson)說。如果你剛好遇見了理查布蘭森,你會說些什麼?

說出來，但方式要正確

我從來不擔心說出觀點。有些人提醒我，說我會惹麻煩。但如果看到職銜高的傢伙欺負人，或者哪位懶惰的員工沒有因為懶惰而受罰，我就會說出來。

說話太直讓我惹了些麻煩，但人們還是會聽我說，因為他們知道，我說正確的事，而不是為了我自己利益的事。在一生的直話直說之後，我從中學到了幾件事：

1. 說出來。但說的時候別犯傻，也不要失去冷靜。

2. 有選擇性地說。有時候，和睦比正確更重要。

3. 當我的老闆不同意我的看法時，我會一再提起這件事，直到：

   • 他同意我的看法，改變了決定；

   • 我同意老闆的看法，認為他是正確的，並繼續執行他的決定；或者

   • 沒有定論，然後我按照我認為正確的方式行事。

4. 什麼時候是指出老闆錯誤的最不恰當時機？當為時已晚，決定已經無法更改的時候！

5. 什麼場合是指出老闆錯誤的不恰當地點？當着所有人的面。

6. 什麼是指出老闆錯誤的最不恰當方式？「我早就這麼跟你說過。」

你會不會在工作和生活中直話直說？

超越辦公室政治

當你讓情況有所改善，你就創造了一些變化，而且因此得到了獎勵。但這可能讓你成為辦公室政治的一個靶子。為什麼？因為有些人將你視為威脅，其他人嫉妒你。

許多人用「逃避」應對辦公室政治 —— 辭職不幹，祈禱神明之手相助，或者保持中立。特別可悲的是，優秀的人才辭職了，但在下一份工作中再次遭遇辦公室政治！其他人「起而迎戰」，而更糟糕的是，有些人耍弄「毒人」手段。所以，即使他們贏得了辦公室政治的戰鬥，他們還是失敗了。

我決定超越辦公室政治。怎麼做？以我的方式，按照我的價值觀，採用一套行為準則：

1. 絕不講人閒話、背後捅刀子。

2. 不要透露保密資料如薪水、顧客信息和有關我老闆的個人觀點。

3. 贏得好名聲，建立包括有影響力的、可以保護自己的人在內的人脈。

4. 弄清楚誰在背後捅刀子，但以專業的方式與他們共事。

5. 幾乎永遠不與背後捅刀子的人正面交鋒，因為這只會鼓舞他們。

6. 用你的價值觀驅動你的行為。

這種戰鬥從來都不容易,但當你不會感到完全無助,而是用你的方式,以無損於你的價值觀的方式戰鬥的時候,對付辦公室政治要容易一些。然後你就可以直視你的孩子們的眼睛,親吻他們道晚安,知道他們正在回望着一個好人!儘管你不會贏得每場戰鬥,但你會贏得整場戰爭!

有些人擅長「露臉」

有些人擅長「露臉」，當着老闆的面，通過其他人完成的工作，為自己和自己的團隊撈取資本。

也同樣有靜悄悄的員工，他們做了全部工作，但更願意待在陰影裡。他們相信他們的工作會為他們說話。

誰更值得提升，誰又更有可能得到提升？是那位善於「露臉」的人，還是那位靜悄悄的員工？

53 微觀管理 (Micromanagement) 可行嗎？

微觀管理要求遵循，沒有討論、主動自發或者意見分歧的餘地。它也可以讓人按照預期完成一項任務，取得一致的結果。但它會讓人失去動力，扼殺主動性。

所以，一旦一位人才的能力得到了改進並取得了自信，這就是從微觀管理轉變為指導／委派方式的時候。

是否有適於微觀管理的工作環境？有的 —— 核設施和有毒廢料管理工廠就是如此。它也適用於使用國際標准化組織（ISO）這類系統的公司，或者如農業收割過程，那裡要求員工嚴格遵照固定的程序工作，並受到監控以確保合規。

所以，是否使用微觀管理並不那麼重要。更加有用的問題是：微觀管理什麼時候可行，什麼時候不可行？下面的矩陣提供了答案。

微觀管理是否可行？

能力 ↑	微觀管理 →	
高	1. 高能力 + 零微觀管理 = **極有能力的主角**	2. 高能力 + 高微觀管理 = **離開**
低	3. 低能力 + 低微觀管理 = **死路一條**	4. 低能力 + 高微觀管理 = **跟我學**

1. 準確、詳細地告訴員工完成哪些任務，如何完成
2. 監督員工，確保他們服從。

> 我雇用專業員工，然後微觀管理他們，直至他們離開。

當員工可以執行任務，**不要**微觀管理。微觀管理最能讓人失去動力、士氣低落，也是對人最不尊重的做法。它會刺激你的下屬**離開**！

但是，如果：（1）員工們不知道他們應該做什麼，（2）任務很複雜，（3）時間緊迫，（4）完不成任務將會帶來嚴重後果，不要讓他們**死路一條**。準確地告訴他們應該做些什麼，確保他們做得正確。

我知道，發號施令或許不是你的風格，而且這讓員工們很難忍受，但在短期內，只是讓他們**跟我學**。我的經驗是：如果你在他們需要微觀管理的時候這樣做了，大部分人會因此對你心懷感激。

關鍵在於，你必須在他們開始「弄明白了！」的時刻結束微觀管理。放鬆控制，並採用指導方式。而且要給他們當啦啦隊！當他們的能力在完成這項任務時增強時，你繼續進行指導，直至他們變成**極有能力的主角**。

如果你反對微觀管理，這也沒問題。但當形勢需要微觀管理而你卻不考慮這種方法時就有問題了。你不必喜歡微觀管理，但你可以運用它！

54 我進行微觀管理，而且沒問題

有人說我很難纏，其他人說我搞微觀管理，他們說得都對。我不是一個「授權」沒有合適的技能的人去完成一個項目、並在出了問題時撒手不管的管理者。

這不是授權，這是「存心讓別人失敗」或者「想要讓你被解雇」。

想要在職業生涯中很快成功，人們需要學習深層次的技能，用以解決複雜的問題。然後你的員工們就會變得勝任工作，贏得「專家」的聲譽，這是加速職業發展的跳板。

所以我給新晉人才指定他們過去從未做過的複雜而且關鍵的任務。在這種情況下，我進行**微觀管理**，也就是說，給出詳細的指示，並確保他們照此辦理。

在第一次嘗試之後，我告訴他們哪些地方做得對，那些地方需要改進以及如何改進。隨着技能和信心的增加，我將微觀管理轉變為**指導**——「告訴我你做得有多好。」我也與他們討論，讓他們知道，**尋求幫助**並非代表軟弱，而是信任我的表現。因此，當我幫助他們時，我必定不做評判，以此作為回應。

然後我**委派任務**，相信他們會在困難時刻尋求幫助。

這個叫做 MCDA（Micromanage, Coach, Delegate, Ask for help）的過程將教會他們技能並建立信任。

從來沒有人抱怨過我的微觀管理。但我認為，這是因為他們認為我是一個難纏的人。其實我是一片好心！

如果一位微觀管理者首先給人信任，那會怎麼樣？

我認為，即使我們不是微觀管理者，但我們中大多數人都會做一點微觀管理。當我們剛剛加入一家公司時，我們的安全感比較低，我們擔心不能按要求完成任務。為什麼？我們對於公司裡的人不夠了解，**不信任**他們是否能完成工作。所以，感到安全的最直接的方法就是**控制**一切。

當我不信任別人的時候我就會開始實行微觀管理，以此尋求控制他人、過程和決策，於是便可以得到想要的結果。

當我信任他人時，我不再實行微觀管理，並給予他們對於人員、過程和決策的適當的控制權，使他們能夠獲得想要的結果。

▎ 個案研究 ▎

這位管理者決定信任人們。讓他們解決一部分問題，做出一部分決策。這將讓他保留某種程度的控制權，因此感到安全。他認為，他對於自己的下屬了解越深，對他們的態度、技能和業績水平越清楚，他就越能夠在保持安全感的同時，對於自己應該給予他們多少信任與控制做出良好判斷。

下面就是這位管理者在平衡兩種需要時作的事情；它們是給予信任的需要，和保持控制權以便得到想要的結果的需要。

1. 解釋需要得到的結果，以及什麼時候需要、為什麼需要。然後給團隊時間制定一份甘特圖（Gantt Chart），並就這份圖表與管理者溝通。

2. 在項目的時間規劃達到 60% 之前不與團隊交流。團隊會覺得他們得到了授權，而他在表達自己的信任，但也有足夠的時間在必要的時候採取補救措施。

3. 與團隊交流時不要像一個詢問者，而要像一個支持者。不要問「我們一切正常吧」，而是問「需要我怎樣幫助你們」。他將在確保工作正常的同時與團隊建立聯結。

而當他的下屬意識到他正在一心授權給他們時，他們也會給予他支持：

1. 經常、持續地與他溝通，

2. 在需要的時候請教他，並且

3. 一直讓他知道情況，哪怕告訴他壞消息也罷，這樣他就不會突如其來地大吃一驚。

那麼，如果一位微觀管理者**首先信任下屬**，情況會如何？

那時候他就不再是一位微觀管理者，而是開始成為一位領導者了。

56 有關專注

我的團隊面對着多得要命的工作。於是我們將所有工作分為四類:

1. 重要 / 緊急,

2. 重要 / 不緊急,

3. 不重要 / 緊急,以及

4. 不重要 / 不緊急。

我們將精力專注於第一、第二類,暫時不理會第三、第四類,直到有人問到的時候再處理。如果沒有人提起,我們就不再關注它們。

這便強調了**專注**的重要性,不會允許不重要的工作分散我們的注意力,結果沒有去做重要的工作。

我保持專注的方法是,每天工作結束時回顧我完成了些什麼,隨後只羅列那些我將在明天做的重要的工作。然後我不讓不重要的工作分散注意力,這就保持了專注。從來沒有因為我不立即接電話、或者不去參加那種對彼此都沒什麼增值的會議而造成危害。

要想保持專注,就要**不去做**不重要的工作,這就可以讓你的精力集中於重要的事物。你是怎樣保持專注的?

順便一提:回家與家人一起晚餐絕對不會被歸於不重要的工作一類。

為了成功而做出反饋

星巴克（Starbucks）的霍華德・舒爾茨（Howard Schultz）曾經被 217 名投資者拒絕。他很幸運 —— 拒絕也是一種反饋。

傑克・韋爾奇給了他的最終繼任者傑夫・伊梅爾特（Jeff Immelt）一個通用電氣風格的反饋：「傑夫，我是你最大的粉絲，但你剛剛過去的那一年糟透了。我喜歡你，但如果你無法把它搞好，我就把你請出去。」

「聽着，」伊梅爾特反駁道，「如果沒有取得應有的結果，你也用不着解雇我，因為我自己會走的。」

收到你需要的反饋，這會讓你做得更好。怎麼做呢？

1. 接受反饋，並給他人反饋。

2. 真誠地感謝別人的反饋。

3. 向專家、真誠的人、值得信任的人尋求反饋。

我的女兒在為接受哪所大學的錄取感到心神不安。我在指導她，話說了一半就被她打斷了。「我不需要一個輔導，我需要一個老爸。」最有力的反饋總是真實的，來自心底！

反饋也可以很令人棘手，甚至是危險的！我的妻子問我：「我需要減肥嗎？」如果你是我，你會怎麼說？

你是否得到了走向成功所需的反饋？

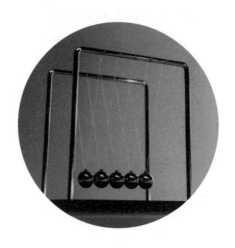

做出反饋

有些管理者認為，反饋「不是個人行為，而是公事公辦」。我不敢苟同——無論對於反饋者或者接受者來說，反饋都是非常個人化的。你的下屬應當有一位以尊重人的方式給出正確反饋的管理者。

所以，如果你想要給出負面反饋但不知如何把它說好，嘗試如下各點：

1. 描述：

   • **業績差距**，以及

   • 表現不佳造成的**損失**。

   例如：「本週你交來的報告遲到了兩天，所以財務遲交了客戶賬單。我們這個月的收益將會短缺。」

2. **預期**員工會如何反應，並做好如何應答的**計劃**。

3. 讓員工**分享**他的觀點並**傾聽**。

4. 請員工做出改進**計劃**。

5. 告訴員工表現不佳造成的**後果**。

6. 以如下話語作為結束：

- 「你能行」，以及

- 「我會幫助你」。

你覺得那一步最重要？

控制不良表現

你向一位表現不佳的員工做出反饋並加以指導,但結果仍然糟糕。此後你怎麼做?

有些管理者認為下屬是可以更替的資產,於是便宣佈「你被解雇了」,而沒有很好地考慮其他選項。還有一些管理者沒法狠心地做出這樣的決定,而是讓感到痛苦的員工繼續做他／她無法勝任的工作。慢慢地,信心和自信逐步消失了。工作場所就像煉獄 —— 你不在地獄裡,但你也不是個活人。

所以,儘管解雇和讓人做不合適的工作是管理者採取的策略,但還有其他更可行的選項,即再培訓和重新安置。

▌落後員工:再培訓 ▌

有些員工對於變化(例如流程變化)無法適應,因此缺乏技能或者無所適從。這些落後員工是可以指導的。他們幾乎全都對訓練反映良好,並逐步達到了業績標準。

▎適合與否的問題：重新安置 ▎

有些員工的業績下降是與管理者／同事的性格衝突或者工作不契合
造成的，例如，擔任的角色沒有發揮他們的優勢，而是放大了他們
的缺點。如果讓這些員工跟隨不同的管理者，並且／或者讓他們做
能夠發揮優勢、使其弱點的不利面更小的工作，他們可以表現得
很好。

有道理嗎？

為什麼到處都有不稱職的上司？

首先，他們沒有被炒魷魚！

而且，他們之所以沒被炒，**是因為他們信奉三條基本原理，即 KJC**（Keep Job at all Cost，不惜任何代價保住工作）：

1. 永遠不做決策，因此不會犯錯誤。

2. 永遠不要在團隊裡保留能接替自己的員工，所以就更不容易被替換。

3. 永遠不對老闆說不，這樣自己就永遠不用做出決策。

其次，不稱職的上司們會繁殖與倍增。他們的員工接受他們的價值觀，模仿他們的表現，因此本身也變成了不稱職的老闆。有些人懷疑不稱職的上司並非人類，而是來自另一個星系的外星人。因此他們擁有特殊的能力，能讓他們看上去忙忙碌碌而且很重要，但什麼也沒完成。

第三，不稱職的上司能夠存活。他們就像能夠傳播「無能」這種疾病的蟑螂，會慢慢地扼殺一家健康的公司，直至死亡。不稱職的上司能夠存活，因為他們在公司最終垮台之前已經離開了。

要知道，這些存活者又在尋找下一個健康的宿主。

這是否反映了真實生活？你怎麼想？

在有些公司裡 ——

在有些公司裡 ——

1. 如果你 25 歲，要四年後才能得到下一次升職。但如果你 40 歲，則你需要八年才能得到同樣的升職。

2. 要有資格得到某個特定職務，你必須有 XX 年的服務經歷。即使你當前的業績說明你現在就可以勝任那個位置也全然無用。你需要論資排隊！

3. 購買圓珠筆需要四個批准簽字。

4. 一切重大決策都由委員會做出，因此沒有任何個人對此負責。

5. 如果你沒有大學學位，你就全然無法達到某些職階，哪怕你有動力與技能，而且工作能力比在任者強。

6. 資歷很重要。「如果我去參加會議，我無權發言，因為我只服務了兩年。」或者，說得更露骨一些就是：「年輕人，坐下。你的前輩在說話。」

7. 包括總裁在內的所有高級管理人員都過了退休年齡，因為他們無法找到繼任人。

8. 你永遠不會被解雇，你的工作可以做一輩子。

9. 得到升職的最普遍的方式是討好老闆而不是客戶。

10. 做決定的人被解雇了，不做決定的人得到升職。

是想像嗎？或者真有其事？

62 不再只想着你的成功，開始想到其他人的成功

她的工作極為出色，但在領導一個團隊時摔了大跟斗。為什麼？因為她一直在考慮自己的成功，沒有**開始**考慮團隊的成功。

傑克・韋爾奇解釋道：「在你成為領導者之前，一切都與你自己有關。當你成為一個領導者，一切都與培養其他人有關。」

所以，當她找我尋求建議時，我想要對她解釋這一點。但我無法插進去一個字，因為她知道一切答案。而且她不斷地講啊講啊講。當她最終不再說話時，我仍然沉默無語，這吸引了她的注意。

她問我為什麼一言不發。

「你知道一切答案，所以你無法從我這裡學到任何東西。」

就在這時她恍然大悟。也就在這時，她的獨白停止了，我們的談話開始了。

圓滿結局

當你做銷售時,你的業績一目了然。她的表現不大好,成績下降。她得到反饋,接受了支持,並承諾改進。她做了努力,但結果不佳。

領導層的一些人覺得公司無法繼續容忍她了,但我有不同意見,因為她是一個單親母親,一個價值觀中包括關愛的公司必須對有需要的員工寬容一些。

於是我們辯論了起來。我們現在還沒有採取行動,但這終究會損害她的團隊成員和客戶的利益。在後者發生之前,我們還能給予她多少同情?最終,我們又給了她一些時間。

幾個月之後,業績進一步下跌。讓她留下只能使痛苦延長。我必須停止她的工作,而且我也確實這樣做了……我把她放進了銷售支持團隊裡。她在那裡不再有感覺自己拖累了他人的壓力與內疚,因此表現好多了。

她的薪水減少了,但她告訴我,她感覺更加愉快、更加健康了,並且因為自己在為一個關愛員工的公司工作而心懷感激。

如果你在一個好的公司裡,有好的領導者,圓滿的結局會更經常發生。同意嗎?

64 「當人犯了錯，最不想要的就是處分。」 ── 傑克·韋爾奇

永遠、永遠都不要對倒地的人再踢上一腳。我最先在足球場上知道了這一點，然後又在通用電氣中再次重溫。

當我們中間的某個人犯了錯誤時，我們的第一個反應絕不是指責，甚至也不是原諒。

在團隊的神聖經典上，或者是在管理者與下屬的關係中，人們可以看到這樣的話語：「我知道你下次會成功的，而且，相信我，你會有下次機會的。」

韋爾奇表達了通用電氣文化中的這一特殊元素，並在偶然間揭示，他也是一個有着柔軟心腸的人：

> 「當人犯了錯，最不想要的就是処分。那是該去鼓勵和建立信心的時候。這個時候的工作是重建自信。我認為，當一個人身處逆境時，我們能夠做的最卑劣的事情之一是『落井下石』。」
>
> ── 傑克·韋爾奇

你會在一張
名片上尋找
什麼信息？

職務頭銜。

但這不會描述某人的成功。

當你培養領導者而不是追隨者時，

將團隊放到個人前面，

團隊成員就會因為你的作為而不是頭銜來追隨你。

這些所能夠做出的說明，遠遠超過你的職務。

「熱情：它不會為你付賬單，但一旦熱情消失，生命會變成什麼樣子？」

—— 黃福良

「沒有信任，你無法讓人們參與。

沒有信任，你無法激勵人們。

所以，最重要的是，做一個能夠信任他人，並以自己為榜樣帶領他人的人。」

—— 許漢迪

參與與激勵

65 「你願意幫忙嗎？」

在一家極好的公司裡，我有一個極好的職位，為一位非常棒的上司工作。

但在那一天，我告訴上司，我不得不辭職。

我解釋道：我太太想要回我們的祖國，這樣她就可以工作，接受挑戰。

我如此深愛我太太，把她放在第一位。

我只能辭職。

上司問我，這是否就是我辭職的唯一原因。

我說「是的」。

他請我帶她到他家去吃午飯。

我說「好的」。

於是，那個星期六我們去了他家。

吃午飯時，我的上司和我太太閒聊。

他問起了她的興趣,她的熱情和她的經驗,還有她過去做過什麼,為什麼做這些事,還有她是怎樣做的。

我意識到,他正在對她進行面試。

然後他開始談論他的公司 —— 它如何努力讓事情有所改善,為人們提供工作崗位和教育。

他問我太太:「你願意幫忙嗎?」

我意識到,他在招攬她。

但他並不是在給她一份工作。

他是在為她展示一個目標。

我太太大受感動,充滿熱情。她說:「我願意。」

就在那一刻,我覺得我的未來清楚得如同水晶一般。

這家公司將是我為之服務的最後一個公司。

而這位上司也將是我為之工作的最後一個老闆。

我非常高興。

我想要一個朋友，
我需要一個領袖！

我完全贊成職場友誼。這會讓工作更有趣，讓團隊更富合作精神，讓職場更和諧。人們說，他們的友誼甚至在他們離開了這家公司後仍然持續。我可以擔保有這樣的事，因為我發現，我在工作中找到了我最好的朋友，然後和她結了婚。所以，職場友誼能夠促進員工的投入，而且我敢說，也能促進他們的幸福。

但上司與下屬之間的友誼又如何呢？我當時的總裁告誡我：「你不能既與野兔一起跑，又與獵狗一起捕獵。」管理者無法一邊與自己的下屬交朋友，一邊指望自己能夠有效地領導。

我同意。

朋友之間是對等的，他們不必相互評判。

管理者與下屬不對等，管理者的工作就是作出評判。

管理者們不僅評判他人，同時也說出自己的判斷。而且如果是負面評價，它經常會傷害友誼。另一方面，如果評價是正面的，則管理者必須忍住自己過分高估朋友的衝動。

而且，如果你必須斥責一位朋友，甚至更糟糕的是，如果你必須解雇這位朋友，情況又如何？這會讓兩種價值觀直接衝突：面對朋友的責任和面對團隊／公司的責任。出於忠誠與友愛，你不會解雇你

的朋友。但身為一位管理者，你必須將團隊置於首位 —— 不存在雙重標準。這種形勢就是所謂「蘇菲的選擇」[①]。有研究說明，對於人類來說，最令人心力交瘁的決定，是在兩種無法調和的抉擇之間挑選其一。

但也有好消息。你可以通過做一件所有好朋友都會做的事情，成為一個好的領導者，這就是**關心**。朋友們喜歡看到你成功。他們不把你視為競爭者。他們關心你，因為你是他們喜愛的人。

最好的領導者也能表現類似的**關心**。他們或許會忘記你的生日和你的第二個孩子的名字，但他們會把你攆出辦公室，讓你可以去探望你生病的母親，或者能夠按時參加你的孩子的演奏會。他們會記得你完成任務的最後期限和責任，也不會讓你懈怠。他們也會知道你的長處，給你一個你需要的推動，去實現你的夢想。

傑出的領導者 —— 他們或許不是一個朋友，但他們可以非常友好，而且更重要的是，他們關心你。

---

① 見《蘇菲的決擇》（*Sophie's Choice*）小說及同名電影。——譯者註

67 公司可以心胸寬厚

我收到了一份致所有通用電氣員工的電子郵件。它來自我們在 GE 醫療（中國）（GE Medical China）的一位同事。他的孩子得了一種威脅生命的疾病，需要做一次費用昂貴的手術。他的老闆發現了，組織了一次眾籌活動。

當時的通用電氣首席執行官傑夫・伊梅爾特叫來了那位員工，提出給他一份額外的幫助。儘管我過去從來沒有見過這位員工，但他的故事感動了我，我也和其他通用電氣的同事們一樣，為這份基金捐過款。

這封電子郵件透露，他的孩子的手術十分成功，現在情況良好，他隨信寄來了他的拳拳情意，向公司的每一位成員表示感謝。

通用電氣的一個優勢是它的執行力。另一個是它相互守望、相互幫助的文化。二者結合，就會形成一股令人信服的力量，證明這家公司也有一顆寬厚的心。

68 以己之欲施予人：
為什麼並非總是有效！

我曾經有一位助理，她堅持稱我黃先生，儘管我請她叫我 David。

一位朋友打趣地問：「為什麼如此正式？你是不是也開始擺架子了？」

我解釋道：「我總是用名字稱呼我所有的上司，但我不是我的助理。我想她做讓她感到自在的事情，而不是讓我感到自在的事情。」

我知道，許多人像理查布蘭森那樣，相信如下金科玉律：「關鍵在於，像你希望別人對待你那樣對待你的員工。」

我讚賞其中包含的高尚內容。但這條指導原則的假定有缺欠，即認為任何兩個人都想要相同的東西。**如果你按照你希望自己得到的待遇對待他人，這時你忘記了一條：他們不是你！**

難道現在不是到了我們應該開始以別人想要的方式對待他們的時候嗎？也就是說，以別人想要接受領導的方式領導他們？

你怎麼想？（1）以**你**想要的方式對待他人，還是（2）以**別人**想要的方式對待他們？

安靜的場所

作為人力資源的從業者，我每天都會在我的辦公室（又稱「安靜的場所」）裡與人會面。這個房間的私密性很強，說它「安全性很強」也不為過。在這裡，人們可以拋開各自的職銜，兩個人可以推心置腹，同時保持自信。

當對方說話時，我不是在 hear，而是在 listen。二者是有區別的 —— hear 是接收了聲音並進行處理。我通過 listen 去理解，同時運用我的同理心，這時我不做判斷，而是不帶感情色彩地去聽，與別人一起感受、一起經歷。一旦我們感覺到了他們感覺到的痛苦，我們就能夠將自己置於他們所在的位置。

有時我會受到提出解決方法的誘惑，但如果我觀察到對方沒有做好聽取的準備，這時我就會三緘其口。所以，對於身體語言的觀察和聽出弦外之音非常重要。關鍵是要信任對方，並贏得其信任。我儘量透露我所知的信息 —— 當你開誠佈公的時候，對方也會開誠佈公。

如今我退休了，在家裡有一間安靜的房間。就是在這裡，我擺脫了內心的混亂，並提醒自己，我是一個內向者，我多麼幸運。你是內向者還是外向者？你是否知道如何不理會一切，讓你能夠找到一個靜悄悄的場所，從事你最好的工作？

一旦我信任了你，
能否繼續全在於你

我的一位下屬需要請假。我讓她去了，並問她是否需要任何幫助。我沒有讓她解釋。而且我覺得，她太慌亂了，根本沒想到要對我做解釋。

我對一個朋友也是這樣。他需要錢，於是我借給他了 —— 什麼也沒問。我告訴他，他要解釋也可以，但我不需要，因為我信任他。實際上，人們總會有個解釋。如果你信任他們，你就相信這個解釋。如果你不信任他們，那不管他們說什麼你都會懷疑。

我只雇用我信任的人。而且我和我信任的人交朋友。所以，如果他們說這很重要，那就很重要。我的那位下屬必須去接她的五歲孩子，那孩子在幼稚園裡病倒了。問題解決了，我很高興。

我的朋友消失了，我再也沒有見到他。我當時沒有要他做出解釋，我為此很高興，因為我現在有關他的最後的記憶，是我幫助了一個朋友，而不是不肯支持他。我希望他一切都好。

一旦我信任你，是否能夠讓我繼續信任取決於你。

71 我無法信任
不能說「對不起」的人

「我不喜歡我的語言老師，」我家的小孩抱怨說。「她從來不相信我在家裡練習了口語。所以她當着大家的面檢查我的書包，看我有沒有口語表。結果她找到了，但沒有對我說對不起。」

如果某個權威人士不信任你，你的日子會很不好過，如果他公開表現出對你的不信任，情況就更加糟糕。最糟糕的情況是，當懷疑被證明毫無根據時，他連一句對不起都不說。工作中也有這樣的事情。很明顯的是，上司越精明、職位越高，他就越不容易認錯，就越容易給出一項似是而非的解釋。

我不信任不能說「對不起」的人。他們無法從錯誤中學習，很可能會一再重複錯誤，而且也會一再對自己和其他人不誠實。

我可以忽略前者，但我覺得難以忍受不誠實，容忍不誠實也很危險。你覺得如何？

因為「你能行」

我是一個學習有問題的學生。一位老師叫我鴨子，因為我「下鴨蛋」—— 這是得零分的委婉說法！但我的歷史老師史蒂芬‧李（Steven Lee）先生堅持要給我「A」，因為**「你能行」**。

一位老師用我的成績評價我，另一位老師相信我的潛力。那麼，應該相信哪位老師呢？那位更加努力的！

李老師教給我的東西我已經記不得多少了，但我記得，他讓我感覺自己是個勝利者。所以，我像一個勝利者那樣思考，然後真的成了勝利者。我是我們家中第一個上完大學的。

你如何回報這樣一個人？回答是你無法回報。但我可以對其他人做他對我做過的事情，以此向他致敬。我的整個職業生涯都與培養人有關。當我與應聘者面試時，我希望弄清他們今天和明天能夠做些什麼。當我指導有才華的人時，我告訴他們李老師對我說的話：**「你能行。」**在嘗試向李老師致敬的同時，我變成了一個更好的人。我是他的傳承。

謝謝您，李老師。

你是否也有一個李老師呢？

*****

我（Handi）也有一個關於信任我的老師的類似的故事。

我當時在讀高中，參加了我的第一次考試。那是一次化學測試。我第一次努力學習，而且在考試中得到了完美的成績：100 分！老師當場給了分數，我超過了班裡的朋友們。我不相信我自己，但她相信我。

從那時起，我喜歡上學，尤其喜歡化學，而且總是得 100 分。從一個對學習沒有興趣、成績一般的學生，我變成了全班前三名。這是因為有人相信**我能行**。

73 獎勵不是那條魚

我見到了一位垂釣者。他花了 75 分鐘釣到了一條魚,但馬上又把它放了。為什麼?獎勵不是那條魚。獎勵是把魚釣上來的那一刻,那是充滿刺激的魔幻一刻。

在前面的 74 分鐘內,驕陽似火,但在炎炎赤日的烘烤下,那位垂釣者始終專注如一。所以,當魚兒咬鉤時,他**做好了準備**。

這位垂釣者讓我想起了一位朋友。在過去的一年裡,他曾七次在招聘面試中被拒。最近他又一次獲得了面試機會,然而,招聘經理的航班延誤了,因此改由他的副手與他面試。我的朋友第八次被拒。他非常沮喪。

那天晚上他看到了一份 LinkedIn 工作廣告,他心想:「有意義嗎?」但他還是附上了自己的履歷,然後按下了「發送」鍵。兩天後,他前去面試。再過了四天,他接受了一家全球企業的夢想工作。聽起來就像一個夢,但這是事實。

我朋友的機會並不是在面試中到來的,而是當他看到那份 LinkedIn 的工作職位時到來的。他當時已經**做好了準備**。

事情並不總是按照你的計劃發生。
但你的機會將會到來,當它到來時,你必須做好準備!

74 我錯過了多少次機會……

我錯過了多少次機會,僅僅因為我認為這是不可能的?太多了!

我知道有死胡同。但那些目標呢?它們看上去不可能,但只不過是因為恐懼束縛了我。

如果我說的不是「為什麼」,而是問一句**「為什麼不試試?」**,情況會如何?

每當我問「為什麼不試試?」 時,它都會給我帶來好運。

當我第一次見到阿拉特時,她正在與別人交往,但我在激情驅使下問自己:「為什麼不試試」邀她出去約會呢?

於是我真的問了,而且她也答應了……18 個月後,我們結婚了。

我抽了 40 年的煙,認為自己是戒不掉的,但我的外孫女要我別再抽了。這時候我問自己:「為什麼不試試?」

於是我三年前開始戒煙,以後再也沒抽過。

我沒有耀眼的學位,沒有特殊的技能,履歷也平平無奇,作為當時全世界最具價值的公司,通用電氣憑什麼會對我禮賢下士?但當我問「為什麼不試試?」的時候,我立即發出了一份申請,得到了那份改變了我職業生涯的工作。

婚姻、健康、事業 ── 當我問「為什麼不試試？」的時候，就會有好事發生。

如果你問「為什麼不試試？」，什麼事情會在你身上發生？

我不會自願去做額外的工作

我不會自願去做額外的工作，但如果事情很重要，而且沒有人做任何事的時候，我會覺得自己必須採取行動。

一個雨天，當我們在一個巴士站縮成一團等車時，我感到了這種衝動。我朋友的手袋掉進了雨季的排水溝裡。我想都沒想地衝了出去，翻過柵欄，跳進排水溝，撈起了手袋，結果自己被淋成了落湯雞。這確實算不得什麼大事，但當我的女朋友（後來成了我的妻子）告訴我，我當時「何等英勇」時，我才覺得有點不同。

也是同樣的衝動，讓我在別人都沉默不語的時候，告訴上司他為何即將犯一個大錯。他當時很不高興，但後來向我表示謝意，不過還是拒絕了我的提議！事實證明我是對的。幸運的是，我完全沒有感到想要對他說「我早就告訴過你」的衝動。

當我被要求在日常工作之外接管銷售團隊時，我再次感受到了這種衝動。為什麼？銷售部主任突然離開了。我完全沒有銷售經驗，但銷售團隊很好，他們需要的只是指引和溫和、友愛的關照。那一年，該團隊稱自己為「David 的天使」，打破了銷售記錄，而且，由於我們上司的欣賞，也得到了應得的獎金。

你是否曾經因為衝動而說出 YES 而不是 NO？結果如何？

76 那人太忙，沒時間抱怨

我認識一位孟加拉人，阿里（Ali）。他經歷了許多艱難困苦，但從不抱怨，因為他忙於解決那些生活拋給他的難題。

為了求生，他學習電工和管道工。為了支撐家用，他前往海外工作。為了成功，他自學了英語和馬來語。

一次他告訴我：「我的兄弟被綁架了。（在家鄉）如果你有親戚在海外工作，這種情況很常見。我付了贖金，我的兄弟得救了。」

在這樣說的時候，阿里既沒有自怨自艾，也沒有滿懷仇恨。阿里把自己的家人置於首位，過着一種有尊嚴的生活，總是滿臉堆笑。他或許沒有豪車，也沒有大筆銀行存款，但在我認識的所有人中，阿里是最腳踏實地、最成功的。

為你的工作而感恩

如果你認為你得到你的工作是理所應當，去與那些拼死拼活找工作的人聊聊吧。

我並不主張你總是死盯着一份工作做到底，尤其是當你不喜歡這份工作的時候 —— 你應該努力爭取別的機會。但如果你有了工作，要懂得感恩，享受你此時此地擁有的一切。要不然呢？不停看時鐘，學到的很少，卻沒有增加任何價值。

所以，去看看你的公司是如何幫助客戶並對社區做出貢獻的；花一點時間來享受完成任務的喜悅；如果你的上司給你艱難的工作，把它視為對你信任的跡象和學習的機會。

而且，如果你努力尋找，你甚至可能會在你的工作中找到目標，比如那位 NASA 的門衛，他告訴甘迺迪總統，他的工作是「幫助將一個人類送上月球」。

是的，為了你的工作和它能夠提供的尊嚴而感恩。而且，如果你想要表達你的感恩心情，幫助某個沒有工作的人找到一份工作。這可能會很簡單，只不過是評論轉發貼文、tag 一個招募者、告訴求職者繼續努力。

或許你能做的更多。取決於你。

不要只專注於參與；要專注於提高業務

經過十年的員工參與措施（employee engagement initiatives），參與度幾乎沒有改變 —— 只有 13% 的員工完全參與。

人們迫切需要一種致力於參與的新方式。該方式始於：（1）對於員工參與的目標有更清晰的看法，以及（2）如何以更為專注的方式追求這一目標。

目標：員工參與是達到目的的一種手段，而該目的最重要的是業績

在 2014 年的 CEB 公司領導委員會（CEB Corporate Leadership Council）研究中，當被問到：「在你的公司中，如果參與水平提高 15%，你將採取什麼行動？」，44% 的調查對象想要「慶祝」，而只有 4% 加上了「加以利用，以拓寬業務決策」。簡言之，人力資源組織慶祝這一結果，卻錯失了目標 —— 參與度是達到目的的一種手段，而這一目的最重要的是業績，而不僅僅是讓員工參與本身。

所以，不要僅僅關注員工福利是否能夠增加參與度並提高員工保留率，而是要關注改善的福利是否能夠轉化為更高的生產力，更有效地留下你不可或缺的員工，並降低招聘成本。

那麼,我們應該如何以更為專注的方式追求這一目標呢?

讓最能決定公司成功的人參與。尤其是:

1. **最重要的人應該有最高的參與度。**每個員工都有貢獻,但其中少數人的成功對於公司的成功是關鍵。這些人是你的超級巨星,或許是員工總人數的 1%。你的 1% 的頂級員工需要有守護天使讓他們參與:這些守護天使是有勇氣、有影響力的人,他們知道如何讓超級巨星發揮最大的作用。

2. **管理人員是員工參與的最大推動者,因此必須得到授權**,因此能夠讓員工參與決定對於員工最重要的問題 —— 工作的內容和意義,業績,他們的職業生涯,以及他們將如何得到補償。

3. **專注於那些對業績和文化影響最大的群體的參與**。應該得到優先考慮的，是那些能夠促進優質客戶服務和運營業績的參與項目，和那些能夠彌合文化差距的參與項目。公司也應該確定那些在幫助它實現特定成果和塑造文化方面發揮巨大作用的特定群體，並讓他們完全參與。

因此，「我們的員工參與了嗎？」這個問題不那麼重要。更重要的問題是：「我們的員工成功嗎？」如果他們成功了，而且想要繼續努力，取得更大的成功，那麼他們就參與了！

激勵我

我的班主任說，

我們不會全都很聰明或者很成功。

要對此感到滿足。

現在，每當我想要放棄什麼的時候，

我都會大聲說出他的名字。

這就足以激勵我。

謝謝您，老師。

「如果你按照你希望別人對待你的方式對待他們，你忘記了他們不是你。」

—— 黃福良

「欺負人的人是失敗者。他們讓他人感到渺小。

大人物從來不會輕視他人，而且，他甚至讓他們感到與眾不同，好像他們是最重要的人物。」

—— 許漢迪

讚賞

79 高價

AA 酒店附帶的毛巾需要另付 20 元。麗思卡爾頓酒店（Ritz-Carlton）的毛巾免費而且更加毛絨絨，枕頭更軟，浴室花灑的水流更加有力，而且你還有免費朱古力。這麼多加分項！

但一間房間的收費是五倍。沒有什麼是免費的。

然而，如果客人覺得物有所值，他們也開心。所以人們會再去麗思卡爾頓，儘管房間收費是五倍。

工作和你的情況也是如此。

你的上司會因為他獲得了價值而微笑嗎？你的貢獻超過了你的薪水嗎？他會總是回來找你，把最艱難的任務交給你嗎？而且，這不僅僅是你所做的工作的質量，也包括你帶來的所有附加值 —— 早晨的微笑，樂觀進取的態度，具有團隊精神的人，有首創精神的人。

而且，親愛的上司們，你的最佳下屬好到了什麼程度？他們是否想要做到最好？你是否給了他們需要的東西？你是否按照他們的價值付出了報酬？

如果你沒有，別的什麼人或許會闖進來，付給他們麗思卡爾頓的高價。

讚賞工作

我不是一個善於自己動手（DIY）的人。如果我的汽車車胎爆了，我的修復策略是致電汽車協會（Automobile Association，AA）。

所以我經常打電話叫工人。他們來的時候，我向他們微笑，請他們喝飲料，天熱的時候尤其如此。他們離開的時候我說謝謝，再請他們喝飲料解渴。當我這樣做的時候，工人們有時會因為我的殷勤招待感到吃驚，經常帶着微笑離開。

為什麼這樣做？這只是我說「我感謝你」的方式。

我以同樣的方式對待員工、同事和上司。一個感覺到被讚賞的人想要做超出預期的事情，反過來也同樣如此。如果你沒有對他們所作的事情表示讚賞，人們自然不再做你讚賞的事情。但不要只相信我說的，一份 Glassdoor 的調查指出：五分之四的員工（81%）會因為他們的工作受到讚賞而受到激勵，更加努力地工作；而在工作時感覺受到讚賞的員工，離開公司的概率要低 87%。

讚賞 —— 你做得夠不夠？

「我為你驕傲」

「我為你驕傲」，我不這樣說話。它象徵着親密關係，深情的紐帶，情感。這是父親和孩子、教練和運動員、老師和學生之間的專用語。

我是他的管理者，我們一起工作了剛好一年。我信奉在管理者和員工之間的距離感，而且領導者不應該流露情感，這會讓我們看上去似乎脫離了控制。

但是……我要讓他知道他即將得到升職。他的業績證實了他是一顆明星，但更重要的是，他幫助較弱的團隊成員取得成功，當情況不妙時挺身而出，敢於正視棘手的決定，我因此為他驕傲。我對他的成長狀況極為驕傲。而且我就是這樣告訴他的——「我為你驕傲。」

我曾經認為我喜愛自己的工作。但我錯了。我真正喜愛的是工作中的人。我是否本來應該說的？——「我為你驕傲。」

82 我們想要給他大幅升職，而且……

我們想要給他大幅升職，而且給他一個機會，為我們其中一位最好的經理人工作，並在世界上其中一個最偉大的城市 —— 倫敦生活。「我正在戀愛，所以我必須留在新加坡。我無法接受這項工作。」我沒有嘗試「解決」這個問題，因為這不是一個問題。

十八個月之後，這一對年輕人組建了家庭，但不是在那份工作的所在地倫敦，而是在上海，我們成長得最快的市場的中心。他的工作仍然特別出色。

「為什麼我在拒絕了 offer 之後得到了第二次機會？」他問。

「你要在生活和事業之間做一個選擇，而你選擇了生活。對於我來說，這從不意味着你拒絕了 offer —— 你只是要求推遲而已。」

從那個時刻起，我們明白了我們具有共同的價值觀，我們的友誼從此成長。

我熱愛我的工作。但我更愛與我一起工作的人。

83 「傑夫，你能頂替艾琳一陣子嗎？」

「傑夫，你能頂替艾琳一陣子嗎？」管理者問。

「沒問題，老闆。」傑夫回答。

「傑夫，你能頂替湯姆一陣子嗎？」

「沒問題，老闆。」傑夫回答。

「傑夫，你能頂替拉里一陣子嗎？」

「不行啊，老闆，我要辭職了。」

不要再覺得支配下屬理所當然。

只要這位管理者花點時間跟別人聊天，他就會發現，傑夫覺得管理者不欣賞他，不知道他的價值，只知道利用他。

傑夫沒有帶來問題；他在解決問題。

他沒有抱怨；他創造了價值。

他是永遠不會嘎吱作響的車輪。

傑夫沒有威脅着要離開。

他只不過……就這麼走了。

所以,給傑夫他應得的報酬,而不是協議上規定的那些。

當他甘冒風險的時候支持他,當他遭遇挫折的時候幫助他。

把傑夫趕出辦公室,讓他能和孩子們一起吃飯。

按照傑夫對待公司那樣對待傑夫。

84 現在是週五下午 5 點，老闆打來電話，召集會議！

對大多數人來說，下午 5：30 下班。然後他們就會忙得團團轉：接孩子，準備晚飯，然後是功課時間。當孩子們上了床，就到了忙於家務的時候了 —— 洗東西、熨衣服，清掃。而且，有些人還得參加電話會議或者答覆棘手的電郵。

還有那些老闆們。他們回到家，晚飯已經準備好了，孩子們吃飽了，功課也完成了。於是他們看 Netflix，看新聞，親吻孩子們，向他們道晚安。他們在家裡工作。他們也有壓力在身，他們肩上的擔子很重。但是，如果他們決定今天晚上休息，沒有誰會逼着他們幹活。

所以，對於那些習慣於在下午 5 時召開會議的老闆，請回想你當年初出茅廬的歲月。

然後問你自己這個問題：**我們真的需要在任何一天的下午 5 點開會嗎？**

85 這是許多員工不會告訴老闆、但卻想讓他知道的事情

1. 辦公室社交活動 —— 這是我的業餘時間,所以,如果我不來,不要因此記恨我。

2. 我或許會說我不介意在休假時打電話討論公事,但我肯定討厭這種事情。

3. 告訴我一次,我就知道該做什麼。告訴我兩次,我就會覺得煩。監視我,我就會另外找工作。

4. 說話直截了當,我就明白你想要什麼。所以,請不要說:「我覺得,這份工作最好能快點完成。」而是說:「我需要你晚上 7 點以前完成工作。」

5. 我可以為他人頂班並做點附加工作,但不要把這一切視為理所當然,否則我會另有高就,為那些欣賞我的人幹活。

6. 做出艱難的決定,因為你是老闆。我不應該為某些懶惰無能的傢伙收拾爛攤子。

7. 我想得到回應 —— 所以,不要等到正式的總結會或者你忍無可忍的時候才對我(吼叫着)說。

8. 在我搞砸的時候關照我、指導我,你會贏得我的信任與忠誠。

9. 當我應得時獎勵我。承認我的貢獻,並幫助我發揮潛力。

10. 如果你沒有給我應得的報酬我就會離開,但我不會僅僅為了金錢留下。

還有什麼要補充的?

不要被杏仁核劫持

我看到一位看上去非常嚴厲的乘客在小聲對一位空姐說話。她看上去很擔心。我很憤怒，想告訴那位乘客：你或許位高權重，但這並沒有給你權利，讓你可以成為欺負人的混蛋！

就在那一刻，我大腦中的杏仁核釋放了腎上腺素和皮質醇這類應激激素，讓我做好了「或戰或逃」的準備。丹尼爾・戈爾曼（Daniel Goleman）稱之為「杏仁核劫持」（amygdala hijack），這時你心率驟增，掌心出汗，而且杏仁核切斷了通往前額葉皮層的神經通道，讓你無法正確地思考。你的決策能力扭曲了，讓自己冷靜與平衡的能力也同樣如此。你無法選擇如何反應，因為你是遭受杏仁核劫持的人質！

我站了起來！但我在幾分之一秒鐘內突然想起，在衝動之後、行動之前，我應該停下來略加思索。

我開始 3、6、9……地一直數到 100。這是一種分散注意力的方法，它讓我能夠冷靜地問自己：「我不是也為沒有尊重他人而內疚過嗎？」為什麼我一來就假設是最壞的情況呢？因為那位乘客看上去特別嚴厲？因為空姐看上去很沮喪？但或許有其他可能性，比如他在向她說到自己的健康問題，因此一臉嚴肅的表情，而且這也會讓空姐看上去很難過。或許他表現得像個混蛋。誰知道呢？

於是我決定採取不同的行動。我走向那位空姐，向她打招呼並告訴她，她在這次航班上，這真是太好了。為什麼？因為她在我登機的時候熱情地向我問候，帶我前往我的座位，並且幫助我把沉重的旅行包放到了頭頂上的行李架上。她的表情舒展了，眼睛閃閃發光地對我說：「謝謝你，先生。」

我的感覺好極了，因為我做得不錯。善意能讓雙方滿意。

87 有些人一直希望我坦誠相待，但當我真的這樣做了之後……

有些人一直希望我坦誠相待，但當我真的這樣做了之後 …… 他們說我是個混蛋。

他們問我是否善良。

我說是的，因為我實話實說。

但如果實話讓人刺痛，他們又說我殘忍。

但還是有許多人請我提建議。**這是因為我說出了他們真正需要聽到的東西，而不是他們希望聽到的東西。**

說出事實並不等於你可以很殘忍。**說出事實的主要目的不是告訴人們他們錯了，更重要的是幫助他們變好。**

所以，只要情況合理，我不會說「你的錯誤在於 …… 」，而是會說：「更好的機會是 …… 」。不會說「這樣做！」而是會說：「你想做什麼？」

我是在軟化事實，還是很務實地把人們需要的幫助給他們？

實話告訴我。

我可以接受。真的！

工作的尊嚴

失業幾個月，你接受了一項薪水較低的工作，幫助家庭，保持收支平衡。你的「朋友們」沒有讚揚你，而是一致鄙視你，讓你感到很沒面子。

抬起頭來，讓我給你講一個故事。

我的孩子看見了一個園丁，她不明白為什麼會有人想做這樣一份又熱又髒的工作。我非常為我的孩子驕傲，但這一次，她的話讓我深感失望。她沒有欣賞一個老老實實地工作的人，我沒有把她教得更好。

我告訴她，這位園丁正在工作，這樣他就可以為他的家庭購買食物。「你看到他身上的汗水了嗎？數一數他臉上有多少汗珠。每一滴汗珠都能告訴我們，他對他的孩子們的愛有多麼偉大。你能看到他的愛有多偉大嗎，親愛的？」

那些肆意評判你的人沒有看到你的汗水。我們知道汗水在那裡。你贏得了我們的尊敬。無論你的辦公室有多大，你的頭銜是什麼，或者人們怎樣稱呼你，無論你有為你開車的司機或者你乘坐巴士上下班，這一切都無所謂，我們以同樣的方式評價每一個人。

你今天是否為了做好工作而「流了汗」？

如果是的，你就值得我們尊敬。

如果沒有，你就值得我們幫助。

工作的尊嚴與我們的地位無關。

我們都可以贏得尊嚴。

我們都配得上這份尊嚴。

你不會雇用某人加入你的家庭

在我招聘的所有人中，我們的住家女傭蒂塔‧泰絲（Tita Tess）是最重要的。許多人評估家庭傭工的清掃、烹飪和洗刷能力，但輕忽了一個事實：我們信用一位陌生人，讓她負責我們心愛的人們的健康和我們的家庭的安全。

所以，我不那麼看重應聘者清潔地板的能力，以及一切讓我們和美生活的能力。

因此，當我面試一位應聘的家傭時，我採用如下三個標準：

- 應聘者是否喜歡我們，我們是否喜歡她？

- 應聘者是否信任我們，我們是否信任她？

- 應聘者是否願意成為我們的一員，我們是否願意接受她？

到現在，蒂塔‧泰絲已經和我們一起 30 多年了。她照顧我的女兒、岳母，現在還有我的外孫女。而我們也關心她 —— 讓她的女兒和孫輩孩子們飛來新加坡為她慶生，還為她攢下了一份年金，保障了她的經濟。她永遠都會在我們的家中有一席之地，有幾顆愛着她的心。

在招收員工時，我也運用了這一原則的精髓。我知道，當人們相處融洽，相互信任，想要在工作之餘一起出去玩，這通常會帶來個人與團隊的優良業績。

你怎麼想？有道理嗎？

90 我做過的傻事

1. 把漂浮物放在腳上，想像我現在可以在水上行走。

2. 在一大堆柔軟的糊狀牛糞上跑過去，因為那是最近的路。

3. 告訴交通警員，我之所以超速，是因為不想錯過我喜歡的電視節目，《成長的煩惱》（ *Growing Pains* ）。

4. **當面試官問我，如果得到錄用我是否會接受，我誠實地回答了這個假設性問題**——「我需要想一想。」順便說明：我沒有得到錄用！

5. 希望在多次解雇員工之後，我對這種事情感到的痛苦會減輕。結果沒有減輕，而且我對沒有減輕感到高興。

6. 我的筆記本電腦讓我大發雷霆。我踢了它一腳，然後在 Google 上尋找，如何給瀕死的筆記本電腦做人工呼吸！

7. 給上司寫了一份憤怒的電子郵件，然後湊巧按下的不是「刪除」鍵，而是「發送」鍵。

8. 攢了好幾個月的錢買了第一個足球，然後當天夜裡摟着它睡覺。

我很高興，我做過一些傻事。

你有史以來做過的最傻的事是什麼？

下午 5 點的會議

當一位老闆安排一次星期五下午 5 點的會議時，

他會給出什麼原因其實無所謂。

如果你信任這位老闆，

你會為他找到一個必須這樣做的原因。

如果你不信任這位老闆，

他給出的任何原因都不夠好。

「如果你遵守你的價值觀，你可以直視你的孩子們的眼睛，親吻他們，向他們道晚安，並且知道，他們回望的是個好人。」

—— 黃福良

「世界是平的。

行業的天地十分狹窄。

善待每一個人，因為你的下級或許有一天會成為你的老闆。」

—— 許漢迪

「Handi 曾經是我的下屬。如果有一天角色顛倒，這將是我的榮耀。」

—— 黃福良

道別

91 這是我最恨的那部分工作，但又必須做好

我們在談論解雇。有個人為自己解雇員工誇耀，好像這是一枚榮譽勳章。我問：

- 是誰把他招進來的？

- 是誰為他設定的目標？

- 那麼現在，誰應該為他的失敗共同負責？

你看，如果採取了支持他的措施但這位員工仍然無法做這項工作，那就不要讓他待在那裡。這是精神上的折磨，因為每一天都會讓他想到自己的能力不足拖累了團隊。

▍所以，接下去就是終止合約？▍

說實話，你的最底層選手可能是別人的第 70 百分位 [①]！

某些新角色可以讓表現不佳者揚長避短；如果得到了這種角色，他們可以做得很好。變更領導者也可以增強他們的自信心和業績水平。

能夠振作起來的員工總能從我這裡得到第二次機會 —— 這對他們是好事，對企業也是好事，因為：

[①]　如果某人位於第 70 百分位，指的是 70% 的人的成績不高於他。 —— 譯者註。

- 態度好的人不會每天重蹈覆轍。

- 節省重新招聘替代的成本。

- 當看到他們的同事得到了第二次機會，員工們會受到鼓舞。

▍但如果終止合約是正確的行動呢？ ▍

有時候，讓員工離開是唯一的選擇。解雇員工是艱難的。

我記得有一位朋友兼同事，他在工作中犯了一個不可原諒的錯誤。我們確信，終止合約是正確的決定。

當我和他談話時，他問我：「能幫我一次嗎？」

許多思緒滑過了我的腦海 —— 圍繞着「幫助有需要的朋友」這個標題。但我也必須保護其他人的權利。同時我也對我的公司負有責任。而且，我的決定能夠讓我直視我的孩子們的眼睛，並讓她們知道，她們正在看着一個好人嗎？

我說：「很遺憾，沒辦法。」

有些人可能會批評我，但他們的看法對我不重要。我對之負有最大責任的那個人是我自己。當時和現在我所知如一 —— 這是正確的做法。

在他離開公司後，我想向他解釋並聯繫他，但我們再也沒有見面或者說過話。或許他想一刀兩斷，或許他覺得我對不起他，或者他覺得不好意思。我不知道。我們從來沒有解開心結。

我痛恨解雇任何人。

我從不委託人力資源部解雇員工。

我要尊重那些被解雇的人，所以要確保自己做得正確。

我曾想，隨着時間和經驗的增加，這項工作會變得容易些。

從來沒有變容易。

不應該變得容易。

92 我想起了一次裁員

我想起了一次裁員，當時我花了一整天和那些必須離開的人們交談，他們不是因為表現不好，而是因為在錯誤的時間處在錯誤的位置。

那天晚上，我告訴我太太我的感覺多麼不好，無論從精神和體力上我感到多麼疲憊不堪。她的回答是：「想像一下那些被裁員的人的感覺吧。」在那一刻，我明白了身為一個領導者意味着什麼。而且我在想，為什麼會有人想當領導者？

你認為身為領導的意義何在？

93 如果你被裁員了，振作起來

我被裁員了。這令人痛苦，而且我開始懷疑自己。但我振作了起來，開始動用我的人脈。我的前上司史蒂夫·科爾介紹我做領袖發展培訓（leadership development）工作。我在光輝國際和億康先達的朋友們請我去面談。我也接到了我在通用電氣和強生的同事們的電話。

最後我選擇到另一個國家工作，有更高的薪水，周圍是來自摩根士丹利和可口可樂的首席學習官同事們，以及來自哈佛大學和瑞士洛桑管理學院（IMD）的教授們。我意識到，被裁員並沒有讓我無用，情況變得比預想的要好。

我也利用這段時間弄清了我應該如何度過我的餘生。我發現自己愛工作，而工作定義了我。這一點讓我像被裁員一樣難過。

於是，在 56 歲那年，我最終弄清楚了：不要用金錢和職銜定義成功，要過有目標的生活，讓生活充滿進取心。然後，我接着做出了一生中最容易也最可怕的決定：退休。

今天，我繼續過我的 2.0 版生活。

一份有意義的生活，與家人、最好的朋友在一起。

生活的質量取決於我提出的問題、我找到的答案和深信不疑的行動。事業的一次轉折帶來這樣一種生活,這難道不是非常美好嗎?

所以,對於所有那些掙扎中的人們來說:你和過去一樣優秀,事情並非如此糟糕。當生活向你投出一個曲球,你有機會打出一記場外全壘打。做好準備,你的機遇正在來臨。

你會給一個處於低潮但並未認輸的人什麼樣的忠告?

94 你會為一個傑出的混蛋工作嗎？

我曾經為一位傑出的高管工作。他前途無量，我也想搭上他的火箭。

他也橫行霸道，會當眾羞辱他人。人們害怕他。但他教導我，獎勵我，因為我把自己的工作做得很好，而且面對他並無懼色。儘管他對於大多數人來說是個混蛋，但我感激他。

我想到了這個人的能力 —— 他如何傳播能夠摧毀自尊、粉碎獨立思考的負能量。而一個信任他人的人能夠傳播正能量，能夠讓員工們獲到優異的結果，並讓工作變得有趣、有成就感。

那麼，我應該追隨哪一種榜樣呢？追隨火箭飛船將加速我的事業發展，但代價是什麼？感覺像正在做出一生最重要的決定。但並非如此，因為職業生涯只是我生命的一部分。能夠誠懇地對孩子們說「你的父親是個好人」才是無價的。

最後的決定很容易做出 —— 我轉職了，為另一位上司工作。我最終加入了另一家公司，繼續追求成為一個我願意追隨的領導者。

這是正確的決定嗎？你認為呢？

閃光之星

她在兩年前加入了我們的團隊，而且超出了我的全部預期。

現在到了她往上提升的時候了。

為什麼？她已經可以在公司擔任更高的職務。

但她因為擔心失敗，情願原地不動，留在我的部門裡。於是我告訴她：「你是在小池塘中的一條大魚。你在這裡無法發揮你的全部潛力。所以，弄清楚你下一步想做什麼，我會為你爭取到那個職位。與此同時，培養一個能夠接替你的人。但是，無論出於任何原因，如果你在新崗位上不如意，那就回來，我們會給你更好的機會。怎麼樣？」

四個月後，在培養了一位接班人之後，她轉而擔任更高的職位。後來她再次升職。今天，她是一位資深副總裁（SVP）。

有人說我趕走了一位明星。我不否認這一點，我為此自豪。

你會怎麼做 —— 留下一位明星，還是讓她走，發出更加璀璨的光芒？

退休年齡是 65 歲，為什麼要在 56 歲退休？

退休年齡是 65 歲，為什麼要在 56 歲退休？答案可以在下面的照片中找到。

退休前，我大部分的生日都是在國外度過的。在酒店房間中獨自過生日糟透了，而在印尼過的生日令人難忘。當我在雅加達第一次過生日的那天上午，同事們來到我的辦公室外，但不是三四個，而是三四十個，他們來祝我生日快樂。另外還有一百多人也在那天趕來為我送上祝福。

我的秘書問：「東西什麼時候送來啊？」

「什麼東西什麼時候送來啊？」

「食物啊，」她解釋道。「按照印尼的習慣，你要為每一位在你的生日向你祝賀的人提供一頓飯。」

「啊？？？」

我的秘書歎了口氣，然後花了整整一天的時間，跑上跑下地工作，為她無知的上司準備超過 100 人份的食物盒子。人人都得到了食物，除了那個幹活的人 —— 我的秘書！（但我確實為此補償了她！！！）

我愛我在雅加達的「家庭」以及我們一起創造的回憶。但我也想與我在新加坡的家庭創造回憶。我想念他們，以及那些簡單的事情，比如與母親一起吃飯，為我的女兒們得到第一份工作而慶祝，或者在發生了悲傷的事件時安慰她們。

所以我退休了，不是為了留戀逝去的歲月，而是要創造新的篇章。

97 什麼代價下的忠誠？

下面是忠誠的三個定義：

1. **你在任何情況下都保持忠誠！**她在一個許多人趨之若鶩的行業中工作。她 21 歲加入公司，在那裡工作了 24 年，因為「忠誠是我生命的一部分」。另一個與她想法類似的人說：「我總是拒絕別的工作機會，因為我不需要那麼多錢，反正也不能把錢帶進棺材。」有些人讚賞他們的信念 —— 他們的忠誠。

2. **你無法效忠於一間對你不忠誠的公司。**一些公司曾經為員工提供從住房到養老金的一切福利。但當股東變得比員工更為重要時，社會契約結束了。人們為了金錢離開了公司，他們也因為金錢被別人要求離開公司。沒錯，忠誠是可以交易的。必須有共同的利益。**如果沒有，那麼，留在一個不欣賞你的人身邊不是忠誠，而是愚蠢。**

3. **忠誠如同拍拖。**忠誠的員工也會在某一天離去，但當受雇於公司時，他們會做到最好。忠誠如同拍拖，你可以對一個人忠心耿耿，但你們也可以分手，然後和另一個人拍拖。但當你們還在戀愛關係時，你（a）不欺騙，（b）豐富你們的感情，（c）關心另一半。

你認為忠誠是 1、2、3，或者什麼別的？

98 什麼是領袖?

我認識一位領袖。他退休了,住在國外。

我剛剛發現,他身體不好,沒法旅行。

曾經為他工作的人和他的同事們飛來祝福他和他的家庭。

其他許多人每天為他祈禱。

所有這些人都有一個共同特點。

他感動並改變了他們。

當他們卑微的時候，他提拔了他們。

當他們春風得意的時候，他與他們共享歡樂。

他關心他們 —— 並不僅僅因為他們能夠創造價值。

他培養他們 —— 並不僅僅因為他們有潛力。

他從他們那裡學習 —— 並不僅僅因為他們是專家。

他做了這些事情以及更多的事情，因為他愛人們。

當人們以尊敬、敬佩、關愛、感激與愛對待一位已經不再有職銜、辦公室和權力的前上司時，那時你就知道，他是一位領袖。

做接班計劃

……如同寫下你的遺囑。

人人都認同這件事是必要的，

但只有少數人真的想這樣做。

「在做出你一生最重要的決定之前，

記住：你有家庭、健康和一份極好的工作。

不要把這一切搞得亂七八糟。」

—— 黃福良

「感激你的家人和真正的朋友。

如果沒有他們，你的幸福和驕傲便無人分享，那麼成功的意義何在？」

—— 許漢迪

家庭與朋友

99 綠寶橙汁

我當時 19 歲，正在讀大學，課餘時間做家教賺錢。我的一位學生 9 歲，他和他的單親母親一起住在一套小公寓裡。

通常，在令人汗流浹背的炎熱正午，我從巴士站走去他的公寓。他媽媽總是給我一瓶綠寶橙汁凍飲。

一天，他媽媽急急忙忙去加班。她說：「汽水在雪櫃裡。」我打開雪櫃。裡面其實空盪盪的，幾乎沒什麼東西，只有幾個雞蛋，一點蔥和幾片麵包……還有那瓶綠寶橙汁，空盪盪的雪櫃裡的一瓶汽水。這是用她好不容易掙來的錢買的奢侈品，是專門為我買的。只是為了讓我打醒精神，好好輔導她的兒子英語和數學。他媽媽所做的這一切，都是為了他能夠有一個更好的生活，一個她自己從來沒有過的生活。

那天給我上了兩堂課。第一，母親是世界上最好的人。她們為家庭裡的其他人奉獻，幫助他們創造更好的未來，但並不期待任何回報。一位智者稱之為領導力。第二，我將在我的餘生中教導他人。四十二年彈指一揮間，我不再喝綠寶橙汁，但我每天仍然在教別人。我沒有忘記當年的志業。這是一份祝福。

100 職場善意

為了享受最好的新加坡肉脞麵,我正在排長隊。排在我前面的是兩位阿婆。一個小時後,輪到她們了。

「兩碗麵。」

「十塊錢。」

「哇,這麼貴。」她們看上去十分肉痛。我跟她們說:「我請客。」她們非常感激,稱當時還在中年的我為「好孩子」。善意能帶來雙重好處。那兩位阿婆很高興,而做了一件好事也讓我自己感覺良好。這件事過去好多年了,但每當想起的時候我還會微笑。

如果我也在職場上釋放善意會如何 —— 比如為他人開門或者尊重長者?有人認為,如果你只為女士開門,有些人或許會說你是性別歧視;或者,如果你只稱呼年長的同事「先生」或者「女士」,你或許會被投訴年齡歧視。但我總覺得這都是胡說八道,儘管有陷入麻煩的可能,但我不會因此不尊重他人,對人沒有禮貌。

下面是有關職場善意的一些發現:

1. 對他人友善會產生「快樂化學物質」,包括會給人帶來愉悅感的巴多胺和內啡肽,以及與信任與內心平靜相關的催產素。

2. 與收到錢的人相比，代表公司向慈善機構捐款 50 美元的員工對於自己的工作更為滿意。得到錢款為隊友購置物品的團隊成員，其表現強於得到個人獎金的團隊。

所以，我們是否應該在職場釋放善意？

101 幫助別人，自己得到的更多

當一位親愛的 LinkedIn 網友請我幫她修改履歷時，我很高興地向她提供了我的修改意見。

作為回應，她給我發來了一份感謝回函，**而且**還寫信給一位我仰慕已久的大學中有影響力的大人物，甚至安排我們兩人會見。會見的結果是：他邀請我到班上演講。太酷了！

我幫助他人不求回報。但當我得到了令人如此高興的回應時，我也會很容易地感到感激和有幸。而且，因為我沒有期待這種回應，所以更覺心中甜蜜。

寸金難買寸光陰

寸金難買寸光陰，不要放棄與你的家人團聚的任何一秒鐘。

做好工作來找到目標、理好財務，但要記住，如果你病了，公司可能會為你付賬單，但為你燉雞湯的是愛你的那些人！你回家時走進的不是另一家公司，而是來到等待你回家的親人身邊。

在 30 多年的職業生涯中，我從來沒有錯過一次家庭活動，大多數日子裡我回家與家人們一起吃晚飯。

我是通過遵守日程表做到這一點的。我早上 6：30 以前走進辦公室，在辦公室吃午飯，中間不休息，一直工作、與他人聯繫。16：30 我出發回家。早上班、早下班，這可以讓我避免交通問題。18：00 與家人們一起用晚餐，然後閒聊，玩大富翁、下西洋棋。21：00，孩子們睡了，我收發電子郵件、打電話，直到 22：30。最遲 23：00 上床。

如果滿足四個條件，這份日程表可以生效：

1. 上班了就工作。

2. 和家人們在一起時就專注於他們，不分心。

3. 培養接班人 / 團隊，所以我不在時他們也沒問題。

4. 不打高爾夫球，朋友很少，沒有體育活動。好吧，我討厭高爾夫球，我是個內向者，太懶了，不愛運動。

現在我每天鍛煉身體，但仍然討厭高爾夫球，也沒幾個朋友。

你是如何平衡生活與工作的？

你會為什麼傾情投入？

我們的第一輛車是一輛 11 年的手動 Ford Escort。經銷商建議我買一輛更漂亮的車，一輛能夠體現我成功的車。我告訴他，我不需要一輛汽車來讓我感到成功，我的妻子和女兒讓我感到成功。

汽車是財富的可視證據，它們是一座里程碑，向一切人宣告你正在變得成功。但像銀行賬戶、房子和工作職銜一樣，汽車並不代表你是什麼人。

性格、你如何生活、你愛的人，這些更完整地定義了你。繼續 —— 為漂亮的汽車、幻夢豪宅或者奢侈假期傾情投入。如果這些是你掙得的，你配得上它們。

切切不要忘記的是，有些永遠不會隨着時間貶值的更宏偉的夢想，比如與你的家庭一起成長，做一個好朋友，奉獻社會，承擔職業風險，存錢養老，更加欣賞你自己，跑一次馬拉松，與你所愛的人一起去探險。

你會為此傾情投入嗎？

104 追求比你自己更大的目標

我熱愛我的工作。

在馬雲讓 996 工作制聞名一時之前，我就是這樣工作的。

我沒有朋友，我所有的朋友都在辦公室裡。

我不需要業餘愛好，因為工作更有趣。

我不需要睡覺，因為工作是我的夢。

我不需要鍛煉身體，因為我情願工作。

當你追尋某個比你自己更大的目標時，就會有犧牲。關鍵是要完全誠懇地對待自己和你的家人，請求允許與支持，讓工作成為一個時期內的優先項，但仍然保留遠景規劃。

我太太讓我坐下，她對我說：「凡事都有定時。這一次，一切為了你。」她執拾行李，和我一起離開新加坡，讓我能夠做我熱愛的工作。

所以，儘管工作佔據了我的大部分時間，但它並沒有佔據我的大部分生命，因為我從來沒有錯失任何家庭活動，主要的假期總是返回新加坡，每年享受兩次家庭假期，大部分時間回家吃晚飯，玩拼字遊戲，聊天。我太太陪我出差，我的公司雇用她，做兼職研究。

而在需要將太太的需要放在第一位時，我也會站出來。

凡事都有定時。

這一次，一切為了她。

我告訴我的老闆，我必須辭職。

定義成功

在我的職業生涯之初，我對於成功的定義非常狹窄 —— 工作職銜，薪水，大公司，高級辦公室。但得到升職的歡欣轉瞬即逝。這就如同買一輛新車 —— 太棒了，但新車的氣息很快就會消失，留給你的只剩下一袋拉麵，因為在為新車分期付款後，你只有錢買拉麵做晚餐。

今天，我對成功的定義大有不同：

1. 我們歷時 35 年的婚姻。

2. 傑克·韋爾奇擁抱了我，說我培養了領袖人物，成就了了不起的事業，這讓我笑得很開心。

3. 第一次有一位員工因為我幫助了他的事業而向我表達謝意。

4. 教我的女兒騎單車，教她的女兒游泳。

5. 帶我的母親橫跨兩個國家，參加她的第一次為期四天的食物尋寶遊戲。

6. 為 LinkedIn 撰寫帖文，吸引了 1200 多萬次瀏覽。

7. 幫助我最好的朋友，把他的生意轉移到另一個國家。

8. 與阿拉特一起完成了一次 110 公里的朝聖遠足。

9. 對這本我與 Handi 合著的書作最後編輯。

我們靠掙來的錢生活。我們通過付出塑造我們的生活。

你是如何定義成功的？你的定義是否有變化？

106 從退休生活中得到的啟示

我退休已經將近四年了,以下羅列我迄今從中學到的一些東西:

1. **重新定義時間:**你能否通過每天做得少一點來從生活中得到更多的東西?這種想法改變了我的一切,少一點去完成什麼,珍惜品味當下。

2. **讓朋友們圍繞着你:**我曾經不大容易交朋友,直到我意識到並非每個朋友都必須是最好的朋友。我嘗試去交一些好朋友:那些我欣賞他們的價值觀的人,那些我會因為他們的笑話發笑的人,還有那些對我有幫助而且我也能夠幫助他們的人。

3. **享受有點罪惡感的快樂:**我喜歡《摩登家庭》(*Modern Family*)、《生還者》(*Survivor*)和《創智贏家》(*Shark Tank*),還有週日的連環漫畫。是呀,在我的媒體「食譜」中有垃圾食品。少一點節制,多一點適量。無論食物、運動、飲料、閱讀、睡眠以及任何事情,全都遵照這一原則!

4. **追尋希望:**工作時我曾決心,集中精力去行動,不浪費精力去後悔。今天,我可以更大方地承認自己的悔意,同時也從中追尋希望,從經驗中學習,讓我明天能夠做得更好。

5. **重新評估金錢的意義：**我發現，我想要的最重要的東西，如關係、健康、經驗，它們不會花費我一分錢，這時我變得非常富有。太神奇了。

對於尚未退休的人，我學到的這些東西是否也有價值？

40 煙齡的老煙槍 如何戒煙？

我不覺得靠意志力能夠擺脫一項習慣。你窮盡餘生試圖抵抗，而當你不可避免地失敗時，你責備自己的軟弱。

讓我成功的是一個令人信服的原因：**為什麼**我必須停止。那就是知道停止是一份祝福，而不是剝奪，這時，想要重拾舊習的想法就變成了噁心，而不是渴望。

我有 40 年煙齡。我從未問過我為什麼需要戒煙，有一天會沒有煙抽的想法讓我害怕。但我的外孫女請我戒煙，這給了我問出「為什麼」的勇氣。一旦找到了原因，我就在 2016 年 12 月 31 日向那些白色的小棍告別，去與我的外孫女和家人們一起舉行除夕晚宴。

今天我已經不想吸煙了。為什麼？因為一旦重新開始抽煙，就意味着破壞了自己對外孫女的承諾，而這會讓她認為，如果牽涉真正困難的問題，我將會食言，讓她失望。所以我永遠不會再抽煙 —— 這就是我的原因。

你是怎樣破除一個壞習慣的？

108

再做嘗試

太太：「她怎麼從單車上摔下來的？」

我：「我把輔助輪拿掉了。」如果你無法阻止生活將你的孩子打翻在地，那就教他們如何爬起來繼續嘗試。所以，當他們摔倒的時候，我會鼓勵他們：「再試一次好不好？」

我從來不會有意相讓，讓我的孩子們在遊戲中擊敗我。如果她們贏了，這是她們自己贏的。我曾在一次電子遊戲中一敗塗地。我自己勤加練習，直到再次比賽的時候贏了回來。跳了勝利之舞，我問：「再來一次？」她們說：「好哇，但讓我們先練習一陣子。」

我五歲的小孩讓我看她畫的塗鴉：一隻有八條腿的紫色小狗。我並沒有給她一個「太好啦」。因為「太好啦」需要思考和努力才能獲得。我問她能不能添上一兩件東西，讓它變得更好，讓我們可以讓它佔據雪櫃上的特別位置。她說：「我想試試看！」

人們要鼓勵孩子。這樣做可以讓他們參與，建立自尊。但從什麼時候起，真正的成就讓位於自尊了呢？而且，從什麼時候起，不是自己贏得的自尊具有任何價值了呢？難道說，能夠直面失利已經不算一種勝利了嗎？

我知道我在嚴格要求孩子。

我也不是總能夠在嚴格要求與正確的稱讚之間取得平衡。

當我要求得過分嚴格時我也會感到內疚。

但給予孩子們求勝意志戰勝了內疚。

你怎麼想的?太嚴格了,還是嚴格的愛?

109 我母親年過 80，仍然獨立生活

有人建議我們在她的房子裡裝一個攝錄鏡頭，這樣一來，如果她萬一發生了什麼意外我們就會知道。她對這個想法不以為然，覺得過分打擾她。我建議裝一個「紅色按鈕」，一旦按下就會引起我們的注意，然後趕過去。她不同意。

我知道她並不是固執己見，她只是珍視自己的獨立。要獨立生活，一個人必須在精神上強大，具有能夠在沒有別人幫助的情況下戰勝艱險環境的意志，而且善於應變。

對於她來說，獨立就是一切。我認為這就和生命同樣重要，因為這讓她有尊嚴地生活，幫助她覺得自己有能力，能控制局面。我將幫助母親繼續保持獨立。這就是她。

金錢和記憶

在河內的一條廢棄的鐵路旁，我太太和我路過一家古樸的麵店。侍應告訴我們他們提供哪些菜肴。

他說的東西我有一半都不明白，但他的活力很有感染力，他的熱情是真誠的。我覺得現在吃午飯還太早，於是我們繼續往前走。他祝我們順利，並建議我們在散步的過程中可以順便到幾個地方觀光。

這讓我們當場改變了主意，決定提前吃午飯，因為他激起了我們的熱情。飯後我給了他一筆不菲的小費，而他真的想要把錢還給我，說我給的實在太多。

我們堅持要他收下，這時他微笑着，我知道他將會有非常美好的一天。但即使在那個時候，我也知道，在這場交易中，我們才是得益多的一方，因為他給我們的「tip」將會是存留一生的回憶。

金錢與記憶。我們知道，這二者都很重要，但其中之一的價值要高出無數倍。

所以，為什麼這麼多人都在數錢，但卻從不清點一下他們的回憶？

為什麼這麼多人都認為，留給他們的孩子的物質財富是他們的最大遺產？

我迄今學到的 10 項最重要的啟示

1. 失去工作很嚴峻，但更嚴峻的是失去一個家庭。如果你必須在二者之間選擇，永遠選擇家庭。

2. 生活過於複雜，不會只有一項真理。所以，遠離狂熱分子，為選擇和妥協留出空間和餘地。

3. 知道你真的想要什麼。知道你會做什麼去得到它，也知道你不會做什麼。

4. 只有擯棄弊習才能深入學習。擯棄弊習殊為不易，因為你必須拋棄過去的你的一部分。

5. 不要試圖在每一次爭論中獲勝，因為你沒有那麼聰明，而且要不了多久就不會有人再願意與你爭論了。

6. 不要抽煙，飲食適度，時常活動身體，笑多一點，好好睡覺，別忘了用牙線。

7. 當你離開一份工作時，確保你留下了非常成功的人，他們將做出比你更出色的工作。

8. 讓最優秀的人圍繞着你，特別是那些與你意見相左的人。

9. 不要做一個混蛋 —— 不要賭咒、發牢騷、說謊、表現出對他人的優越感以及搶奪別人的功勞。

10. 人人都需要一位最好的朋友，但並非人人都能如願。如果你有，千萬不要放棄。

11. 有時候，最有效的解決辦法是什麼都不做並且等待，但這往往也是最難做到的。

如果你必須從這個單子中刪掉一項，你選哪一項？

更好的一半

| David |

我在商店付了錢,但發現還差一塊錢才夠免費泊車的換領券。我告訴收銀員,讓我再去買一件東西吧,但她說,免費泊車的換領券只能來自一份 60 元的收據,沒有例外。

看到了我的困窘,我太太阿拉特接手了。她歸還了購買的所有東西,得到了退款,然後排隊再次付款,買了原來所有的東西,外加一件。於是我們獲得了免費泊車換領券。

我很高興,因為我太太沒有說:「算了,那麼麻煩,不值得。」當我想要出國工作時,她也以同樣的方式幫助了我。她考慮了一番,說這對我們很合適,然後和我一起離開了新加坡,於是我可以去逐夢。她總是站在我一邊!

有一個和你站在一邊的人,你就永遠不會獨行。站在對方一邊,這將使你的生命變得完整。

誰站在你一邊,而你又和誰站在一邊?

Handi

只有表達出來的感激才是感激

只有表達出來的愛意才是愛意

人生苦短,說出你的感激和你的愛意。

我很高興,我找到了一個人,她能夠表達這些愛意。

孩子們
從來不會問

你掙多少錢，

你的辦公室有多大，

你的車是不是平治或者寶馬。

他們想要知道的只不過是 —— 你什麼時候回家？

在他們不再發問之前，做點什麼吧！

我們想用一句引語結束這本書，它深切地表達了我們應該如何度過一生的真諦 ——

結束語

生命只有一次，但如果你正確地度過，
一次已經足夠。

—— 梅蕙絲（Mae West）

那麼，我怎樣才能正確地度過一生？
首先，我要清楚地知道我是誰，我真正想要什麼，
為了得到它，我會做什麼，不會做什麼。
這與我具有的一個目標相關，
我要以我的方式、我的價值觀追求它，
並且永遠有我心愛的人們站在我這邊。
這才叫生活！
—— 黃福良

知道我不完美，所以我一直在學習，追求智慧。
知道我無法控制其他人，所以我學習控制我的反應。
知道我無法事事做得最好，
所以我尊敬有自己力量與天賦的其他人。
知道我無法預測未來，因此我從過去中學習，擁抱現在。
知道我是上帝的傑作，因此我盡力愛自己，也愛他人。

—— 許漢迪

感激你的家人和真正的朋友。
如果沒有他們，
你的幸福和驕傲便無人分享，
那麼成功的意義何在？